药学精品实验教材系列

总主编 戚建平 张雪梅

Experimental Guidance for Physical Chemistry

物理化学实验指导

陈　刚 ● 主编

复旦大學 出版社

编 委 会

主　　编　陈　刚

主编单位　复旦大学药学院

编　　委（按姓氏笔画排序）：

　　　　　王利新　复旦大学附属中山医院

　　　　　达慎思　复旦大学药学院

　　　　　李法瑞　复旦大学药学院

　　　　　李振杰　云南省烟草化学重点实验室

　　　　　张剑霞　复旦大学化学系

　　　　　陈　刚　复旦大学药学院

　　　　　陈榆佳　复旦大学药学院

　　　　　耿文叶　复旦大学药学院

F总序
oreword

随着生物医药行业的飞速发展，药学专业既充满了机遇，也面临着诸多挑战。《"健康中国2030"规划纲要》明确提出，到2030年实现制药强国目标。由制药大国向制药强国迈进，必须人才先行。药学专业担负着为医药行业培养专业人才的使命，要为加快实现制药强国的目标奠定坚实的人才基础。

药学是一门基于实践的应用型学科，要求学生不仅要系统掌握药学各分支学科的基本理论和基础知识，更强调学生应掌握扎实的实验技能。药学的创新源于实践，同时依赖于实践来完成，因此实验教学在培养学生创新精神、创新思维和实践能力中起着重要作用。

在"双一流"高校建设中，如何贯彻先进的教育思想和理念、培养拔尖创新型人才，已成为目前药学教育的新挑战。我们在对医药行业现状进行广泛调研，充分了解产业需求的基础上，结合目前药学专业教学方案，充分融入近年来教学改革的实践经验，在上一版系列教材的基础上修订出版了这套"药学精品实验教材系列"。本系列教材的内容具有以下特色。

第一，注重创新人才培养，增加了更多设计性和综合性实验，提高学生的文献查阅能力、实验设计能力及创新能力，发挥学生的主观能动性和创造性。

第二，部分实验加入了课前预习，为学生主动学习提供便捷的知识来源，进一步提高课堂教学效果。

第三，重视图文并茂，增加了大量的流程图及装置图，为学生深刻掌握实验过程和机制提供有利条件。

第四，引入了一些新方法和新技术，使实验教学内容紧跟学科发展前沿。

第五，进一步对原有实验内容进行合理精减，删除一些陈旧的、不易开展的实验，精选一些可操作性、适用性、创新性强的实验。

本系列教材由复旦大学出版社出版，共有 6 本，包括《药物化学实验指导》《药物分析实验指导》《药剂学实验指导》《药理学实验指导》《生物化学实验指导》及《物理化学实验指导》，可作为药学专业课程的配套实验教材，供高等医药院校药学类专业学生使用，也可供成人高等学历教育选用。

本系列教材是在上一版的基础上结合参编者多年教学及科研经验的总结，部分实验是科研反哺教学的体现。教材将在教学实践的探索中边使用边修订、完善，以便紧跟各专业主干教材的不断更新，紧随各相关专业的最新发展。

戚建平　张雪梅
2023 年 6 月

P前言
reface

　　物理化学是全国高等医药院校药学、中药、制药技术、制药工程及相关专业教学计划中的专业必修课程，可为后续课程如药物分析、生物化学、药物化学、药剂学等课程的学习打下良好的基础，无论是理论还是实验都在整个药学相关专业课程体系中起着承上启下的作用。物理化学实验课程可巩固和加深学生对物理化学理论课基本原理的理解，训练实验技能，使学生掌握测试技术，培养科学思维以及分析和解决实际问题的能力。本书为高等医药院校学生的物理化学实验教材，也可供其他从事物理化学实验工作的有关人员参考。

　　本书分为绪论、实验和附录 3 个部分。绪论部分主要介绍课程的目的和要求、实验报告书写规范、物理化学实验室安全知识、实验数据的表示与处理、误差理论和有效数字以及物理化学实验的设计思想。同时，还介绍了物理化学实验数据计算机辅助处理方法和软件，旨在提高学生适应现代实验设备与技术的能力和实验教学水平。实验部分选取了热力学、相平衡、电化学、动力学、表面和胶体化学等部分有代表性的实验。同时还根据编者与物理化学相关的较成熟研究结果，编写部分实验，以反映物理化学实验方法的新进展。此外，还编写了部分与药学相关的综合设计性实验，以培养学生动手能力、创新思维能力和科研探索能力。附录部分收录了一些与本书实验相关的物理化学数据表。

　　本书的编者来自复旦大学、复旦大学附属中山医院、云南省烟草化学重点实验室等，在本书的成稿过程中得到参编单位领导和各位同行的大力支持，在此表示衷心的感谢！

　　限于编写时间和编者水平，书中难免存在疏漏和错误之处，恳请广大师生和同行批评指正。

编者

2023 年 8 月

C目录
Contents

第一章 绪 论

第一节 物理化学实验目的和要求

一、物理化学实验目的

物理化学是药学相关专业必修课程,可为药学专业后续课程如药物分析、分析化学、生物化学、药物化学、药剂学及药代动力学等课程的学习打下良好的理论和实践基础,在整个药学相关专业课程体系中起着承上启下的作用。物理化学实验作为一门独立的基础实验课程,是物理化学课程不可分割的一个重要组成部分,通过学习该课程可巩固和加深学生对物理化学理论课基本原理的理解,训练实验技能,使学生掌握测试技术,培养科学思维及分析和解决实际问题的能力。

物理化学实验的主要目的包括以下。

(1) 使学生掌握物理化学基本实验技术和技能,提高动手能力。

(2) 熟悉和掌握物理化学的研究方法。

(3) 通过实验验证物理化学理论课学习的原理和公式,进一步巩固和加深对物理化学基本理论的理解,提高学生对物理化学知识灵活运用的能力。

(4) 掌握物理化学实验方法的基本原理和实验操作技能,根据所学物理化学原理设计实验,学会选择实验条件、正确使用科学仪器,培养学生的综合创新能力和实践能力。

（5）锻炼学生观察实验现象、获取实验数据、正确处理实验数据和分析实验结果的能力。

（6）培养学生严肃认真的科学态度、勇于探索的创新思维能力和科学严谨的学风。

二、物理化学实验要求

1. 实验预习

（1）实验前必须充分预习。预习时要了解实验目的和要求以及实验所依据的基本理论、方法和原理。

（2）熟悉实验内容和操作步骤。明确需要进行哪些测试，记录哪些数据，了解所用仪器结构、操作规程和维护要求，做到心中有数。如有疑问，应在实验前请教带教老师或者实验指导人员。

（3）写预习报告。实验前学生根据对实验的理解，写出简明扼要的预习报告，着重介绍对实验原理和实验方法的理解，特别是关注实验操作步骤及操作过程中要注意的问题，并根据实验教材设计好记录原始数据的表格。预习报告一般应包括实验目的、实验操作要点及注意事项等，预习报告在实验前交给实验带教老师审阅。

（4）教师在实验前须检查每位学生的预习报告，必要时进行提问，并解答学生的疑难问题。未预习和未达到预习要求的学生，不得进行实验。

2. 实验过程

（1）进入实验室后，学生应主动交预习报告给带教老师检查，并认真听取实验讲解。

（2）应仔细检查实验仪器和试剂是否符合实验要求，并做好实验前的准备工作。

（3）仪器装置和线路安装或连接好后，须经教师检查无误后方能接通电源开始实验。在不了解仪器使用方法时，不得擅自使用和拆卸仪器。实验过程中不得擅自乱试、乱拆。

（4）在教师指导下，严格按操作规程进行操作，不得随意改动，若确有改动的必要,须事先取得指导教师同意,按教师规定的步骤进行实验。

（5）认真观察实验现象,真实、及时和准确地记录实验数据,要善于发现和解决实验中出现的问题。认真观察和分析实验现象,随时记录数据和实验现象,保证实验数据正确、真实。无论何种原因引起的数据误差均不得涂改,不得抄袭他人的实验结果。实验过程中如有异常现象应及时查明原因。

（6）实验完毕,须先经指导教师审查数据并签字,然后再将仪器设备按原样整理完毕,并按照教师要求打扫实验室卫生。若实验数据不合格,应重做或补做。

（7）严格遵守实验室各项规则,如遇仪器损坏,应立即报告,检查原因,并登记损坏情况。

（8）节约药品、水、电,随时保持仪器和桌面整齐、清洁,避免强碱、强酸等腐蚀性药品和有机溶剂腐蚀和污染仪器。仪器应排放整齐,保持实验室和实验台干净整洁。实验有条不紊,尊重教师的指导。

3. 实验记录 实验记录包括实验内容、实验过程、实验仪器和数据和结果等,应记在专门的实验记录本上。实验记录是处理数据以及写作研究报告和出版物的原始资料,也是许多年以后可被查阅的永久记录。因此,养成良好的记录习惯和正确的记录方法,是培养科学研究工作能力的重要一环。

每位学生必须备有实验记录本,记录本可以和预习报告本共用。实验记录应包括:实验名称、日期、天气状况、实验操作人姓名、仪器和试剂、实验数据、实验现象等。注意原始数据不能随意涂改,如果数据记录有误,需要修改,可在错误的数据上划一条删除线,表示舍弃,然后在原数据下方或旁边写上正确的数据。

4. 实验报告 实验报告要格式规范、内容完整、文字简练、表达清晰、结论明确,内容主要包括实验名称、实验日期、完成人姓名、实验目的、实验原理、实验内容、仪器和试剂、实验步骤、实验现象、实验数据和处理方法、结果讨论、实验结论和思考题等部分。实验报告是总结和评价实验工作的依据。撰写实验报告是学生分析、归纳、总结实验数据,讨论实验结果的意义,并把实验获得的感性认识上升为理性认识的过程,也是训练学生文字表达能力的一个环节。

实验报告是整个物理化学实验中的重要组成部分,也是评定学生实验成绩的重要依据之一。实验报告可采用学校统一印制的实验报告纸进行撰写。在撰写报告的过程中要仔细分析数据和耐心计算,合理制表,正确绘制图形,需字迹清楚、文字通顺、条理分明、处理数据应独立进行。不得两人合写一份报告。实验报告需真实反映实验结果,坚决杜绝伪造数据或拼凑数据的不良行为。有条件的同学和实验室可以采用计算机软件(如 Excel、Origin 等)处理实验数据,但必须附有教师签字的原始数据。实验报告的最后应有思考题解答,还可写个人心得和建议。

第二节 物理化学实验中的安全和防护

在物理化学实验过程中,学生和教师常接触到水、电、燃气及易燃、易爆、有毒性、有腐蚀性的化学药品以及高压钢瓶等,为防患于未然,物理化学实验中不仅需要注意安全,自觉遵守化学实验室的安全守则,还要注意防护,掌握一些自救和自护方法。每个化学实验工作者必须具备一定的实验室安全防护知识。本部分主要介绍化学药品使用、安全用电、防火和使用高压钢瓶中的防护知识。

一、化学药品的安全使用

1. 使用化学药品安全防护知识 物理化学实验离不开使用化学药品,大多具有不同程度的毒性,其可以通过呼吸道、消化道和皮肤 3 种途径进入人体内。为了尽量杜绝和减少由上述途径进入实验者体内,应做到以下几点。

(1) 实验前要充分预习实验,了解使用哪些化学药品,实验前应知道所用药品的毒性及防护措施。

(2) 在使用可燃性气体和易挥发有机溶剂时,要防止气体逸出和溶剂挥发,并保证实验室通风良好,严禁将剩余易挥发的有机溶剂倒入下水道。同时严禁使用明火,并防止产生电火花及其他撞击火花。

(3) 在进行有毒气体、易挥发物质(如氰化物、高汞盐及有机溶剂等)和易飞扬固体粉末的操作时应在通风橱中进行,并配戴防护口罩。对于可溶性钡盐、重金属盐(如镉、铅盐)、三氧化二砷等剧毒药品,应妥善保管,使用时要特别小心。避免单独使用有毒有害化学品,以降低使用的安全风险。

(4)使用有毒药品或易挥发可燃性气体时,应注意自我防护,需穿戴相应的防护器具。在接触有毒化学品后,应尽快沐浴和清洗头发。

(5)实验室内的药品或试剂只能通过容器上的标签加以识别,严禁舌舔品尝或直接鼻嗅。

(6)严禁将强酸和强碱或强氧化剂和强还原剂存放在一起。用移液管移取有毒、有腐蚀性的液体时,严禁用嘴吸取。

(7)化学药品用完后应倒入回收容器中回收,不准倒入水槽中,以免造成污染。

(8)严禁在实验室内进食、饮水、抽烟。零食、饮料、香烟及化妆用品等不得带进实验室,以防毒物污染。实验完毕,离开实验室及饭前要仔细清洗双手。

2. 汞的防护　汞常用于制作温度计和气压计,在物理化学实验中接触汞的机会比较多,常温下汞蒸气容易逸出,吸入人体后会引起慢性中毒。汞蒸气的最大安全浓度为 $0.1\,mg/m^3$,而 20℃时汞的饱和蒸气压为 $0.16\,Pa$,空气中的饱和浓度为 $15\,mg/m^3$,远超过安全浓度。使用含有汞的装置时需注意以下事项。

(1)装有汞的装置下应放置无缝隙的塑料、瓷或不锈钢浅盘,且转移汞的操作也应在装有水的浅盘中进行,防止汞滴散落在桌面或地面。

(2)实验室,汞不能直接暴露于空气中,汞应装在密封的容器中,并加水或其他液体覆盖。

(3)万一有汞洒落,应立刻打开窗户,并用吸管将汞尽可能地收集起来,再用能形成汞齐的金属片(如 Zn、Cu)在汞溅落的汞滴上多次扫过,最后用硫黄粉覆盖在有汞溅落的地方将残留的汞转变为硫化汞。

(4)擦过汞或汞剂的纸巾、滤纸或布不得乱丢,必须放在有水的瓷缸内,并随后用硫黄处理。

(5)盛有汞的器皿和含有汞的仪器(如温度计、气压计等)应远离热源。

(6)有伤口的手切忌接触汞。

二、高压气体钢瓶的安全使用

物理化学实验中常使用到高压气体钢品,如燃烧热测定需使用氧气钢瓶。使用高压气体钢瓶的潜在危险主要是爆炸和气体泄漏。因此,使用时应注意以下几点。

(1) 存放和搬运高压气体钢瓶时,需将瓶上的安全钢帽旋紧。搬运装有气体的钢瓶时,最好用特制的钢瓶小推车,也可以用手平抬或垂直转动,禁止采用拉拽或滑动的方式或手拿开关阀移动的方法移动钢瓶。

(2) 使用钢瓶前详细了解使用气体的性质、用途、安全防护方法。根据钢瓶外部标志和标签正确识别气体种类,不要把钢瓶颜色作为鉴定钢瓶内容物的主要手段,以免误用钢瓶。

(3) 实验者在开启钢瓶的气门开关和减压阀时,应站在气阀接管的侧面,旋转速度不能太快,操作不能太猛,缓缓打开,以免气体急速冲出发生危险。打开气体钢瓶正确的操作步骤为:先旋动开关阀,然后旋开减压阀。实验结束后,先关闭开关阀,放尽余气后,再关减压阀。不得只关减压阀,不关开关阀。

(4) 实验室高压气体钢瓶应储存于通风阴凉的角落,并用铁链固定在墙上,避免人员走动碰倒钢瓶,附近不得有还原性物质、热源、火种和电子线路。

(5) 高压气体钢瓶内气体不得全部用完,一定要保留 0.05 MPa 以上的残留压力。

(6) 严禁将油或其他易燃性有机物附着于氧气钢瓶上(特别是气门嘴和减压阀)。也不得用棉、麻等物堵住氧气钢瓶气门嘴等处,以防引起燃烧事故。

三、用电安全

物理化学实验中大量使用大功率电加热器、真空泵、电动搅拌器、各种电源及测量仪器等电气设备,若不注意用电安全,轻者损坏仪器,重者将会导致触电和着火等事故,不仅危及实验者的生命,还将给国家财产造成巨大损失。实验室用电安全应做到以下几点。

(1)实验前检查所有电器插头和电线绝缘情况,若有问题应及时更换。特别注意电热设备用的橡皮线,时间长了会老化,容易导致短路和触电。

(2)不要用湿手或湿的物体接触通电设备。

(3)严禁使用超过负荷的用电器,不要使电路过载,否则容易造成线路的过热,引起火灾和电击伤。

(4)连接电源的裸露部分应绝缘,如电线接头处应裹上绝缘胶布,所有电器的金属外壳应妥善接地。

(5)实验室在修理插座、配电箱、安装电器和连接线路时,应先切断总电源。实验结束后,也应先切断电源再拆线路。

(6)单手接触通电中的电器或开关,另一只手应背在后面,以降低事故发生时电流流经胸腔的可能性,增加抢救的机会。

(7)在实验中若仪器出现故障,不要惊慌,也不要自己修理,应及时报告老师,以免伤害自己或危及他人。

(8)不要在通电设备附近使用和放置易燃易爆溶剂,若有水或试剂洒落在电线或电器上,应拔去仪器插头或切断主电源。

(9)了解实验室的电源总开关位置,一旦发生电线起火,便于及时拉开电闸。切断电源后,再用一般方法灭火。若无法拉开电闸,可用黄沙、二氧化碳或四氯化碳灭火器灭火,禁止用水或泡沫灭火器等导电液体灭火。

(10)加强电热设备电源线的日常检查和维护,消除触电和短路事故隐患。

四、其他安全事项

根据编者带教物理化学实验的经验,除了应注意上述用电、高压气体钢瓶和汞等潜在风险外,还要防止玻璃割伤、电动设备伤害和烫伤等意外。应注意的其他安全事项包括以下。

(1)物理化学实验中常使用水浴加热,需要使用电动机械搅拌器,实验中必须穿着缩袖实验服,并扣好衣扣,女同学的头发应扎好,防止衣袖、衣角和长头发卷入电动机械搅拌器的转轴引发意外。

（2）物理化学实验中常使用普通水浴、电炉、高温甘油水溶液进行加热，加热操作请佩戴防烫手套，避免烫伤。

（3）在高温甘油水溶液加热时，避免衣袖、头发浸入加热液体，避免引发条件反射造成次生意外。

（4）在物理化学实验中大量使用结构复杂的玻璃仪器，如水浴缸、乌氏黏度计、烧杯、烧瓶及温度计等，操作应仔细小心，避免跌落。安装玻璃装置应轻拿轻放，避免割伤。

（5）目前，实验室多采用大面积的瓷砖地面，避免水和溶剂泄漏到地面，否则容易导致同学滑倒并产生次生意外。值日生拖地后也应安放防滑警示标志。

第三节　误差分析和有效数字

一、误差分析

1. 误差分析的目的　物理化学实验以测量各种物理量为基本内容，并对获得的实验数据加以合理地处理，以验证理论课学习的各种规律，并研究系统物理化学性质与化学反应间的关系。然而，在物理量的实际测量中获得的直接测量的量和间接测量的量（由直接测量的量通过公式计算得到的量），由于受测量仪器、实验方法以及外部条件等限制，使得测量值与真实值（或实验平均值）不可能完全一致，其差值称为误差。分析测量结果的准确性和产生误差的主要原因，寻找减小误差的有效策略，可提高测量结果的准确性。

对测量结果进行误差分析的目的，不是要消除它，也不是使其小到不能再小。研究误差的目的是：①在一定的条件下得到更接近于真实值的最佳测量结果；②确定实验结果的不确定程度；③根据所需测定的结果，选择合适的实验仪器、实验条件和方法，以降低成本和缩短实验时间，提高测量效率。因此,除认真做实验外,还要有正确处理、表达和评价实验结果的能力。仅报告实验结果,而不同时指出结果的不确定程度的实验是无价值的,所以要有正确的误差概念。

2. **误差的分类** 根据误差的性质和来源,可将测量误差分为系统误差、偶然误差和过失误差。

(1) 系统误差:在同一条件下,使用选定的仪器和方法多次测量同一物理量时,测量误差的绝对值和符号保持恒定,恒偏大或恒偏小,具有方向单一性,其数值按确定的规律变化,这种测量误差称为系统误差。

产生系统误差的原因包括:①仪器本身构造不完善引起的测量不准或不灵敏,仪器装置精度有限,试剂纯度不符合要求等,例如滴定管刻度不准;②实验方法的理论根据有缺点,或实验条件控制不严格,或测量方法本身受到限制。如根据理想气体状态方程测量某种物质蒸气的分子质量时,由于实际气体对理想气体的偏差,若不用外推法,则测量结果总比实际的分子质量大;③个人习惯误差,如读滴定管读数常偏高(或偏低),计时常太早(或(或太晚)。

通常,系统误差决定了测量结果的准确度。可通过改进实验方法、校正仪器、提高药品纯度、修正计算公式等方法,有针对性地将系统误差减小到最低限度。但有时很难确定系统误差的存在,往往要通过改变不同的实验方法、实验条件和实验者进行测量,以确定系统误差的存在,并设法将其减小。

(2) 偶然误差:在相同的实验条件下,使用同一仪器多次测量某一物理量时,每次量的结果都会不同,它们围绕着某一数值无规则地变动,误差绝对值时大时小,符号时正时负,具有随机性,这种误差称为偶然误差。通常由一些不确定因素引起。产生偶然误差的原因可能有:①实验者对仪器最小分度值以下的估读每次很难相同;②测量仪器的某些活动部件所指示的测量结果,每次很难相同,尤其是质量较差的电学仪器更为明显;③影响测量结果的某些实验条件(如温度、压强等)不可能在每次实验中控制得绝对一致。偶然误差不可能消除,也无法估计,但是它服从统计规律,即它的大小和符号一般服从正态分布。因此,可采用多次测量取算术平均值的方法来减小偶然误差对实验结果的影响,使结果更接近真实值。

(3) 过失误差:过失误差是由于实验者在实验过程中不应有的失误而引起的,如读数错误、加错试剂、记录出错、计算错误或实验条件失控而发生突然变化等。只要实验者加强责任心,以严谨的科学态度进行实验,细心操作,这类误差是完全可以避免的。

3. **准确度和精密度**   准确度是指测量结果与偏离真实值或其与真实值符合的程度。测量值越接近真实值,则准确度越高。准确度的高低,可用绝对误差和相对误差表示。测量值与真实值之差,称为绝对误差,而绝对误差与真实值之比被称为相对误差。

精密度是在条件不变情况下,反复多次测量同一物理量所得结果的一致程度,表示测定结果的重现性。精密度反映了各测量值的相互接近程度,若每次所测数值相互十分接近,偏差小,说明测量结果的精密度高。

在测量过程中,由于存在误差,且误差会传递,从而直接影响测量结果的精密度和准确度。系统误差仅影响测量结果的准确度,而偶然误差不仅影响准确度,也会影响精密度。一般评价测量结果先看精密度,再看准确度。精密度是指所得结果有很小的偶然误差。高精密度不能说明准确度好,而高准确度的数据却要足够的精密度来保证。测量中系统误差小,准确度就好;偶然误差小,精密度就高。因此,只有精密度和准确度都高的测量值才是可取的。

4. **误差的表示方法**   物理化学测量有多种误差的表示方法,如绝对误差、相对误差、平均误差、标准偏差及相对标准偏差等,具体介绍如下。

(1) 绝对误差和相对误差:测量值 x 与真实值 x_0 之差称为绝对误差 d,而相对误差 r 是绝对误差在真实值中所占的百分数,用相对误差可以比较不同物理量的测量准确度。绝对误差和相对误差可以分别表示如下

$$d = x_i - x_0 \tag{1-3-1}$$

$$r = \frac{x - x_0}{x_0} \times 100\% \tag{1-3-2}$$

需要说明的是,真实值一般是未知的,或不可知的。通常以用正确的测量方法和经校正过的仪器,进行多次测量所得算术平均值或文献手册提供的公认值作为其值。

（2）算术平均值与平均误差：在任何物理量的实际测量中，偶然误差总是存在，具有随机性。故不能以任何一次的测量值作为测量结果。为了减小偶然误差，提高测量结果的可靠性，通常取对某一物理量进行多次测量，然后计算其算术平均值 $\overline{x}$。如对物理量 u 进行了 n 次测量，测量值为 x_1、x_2、$x_3\cdots x_n$，则其算术平均值 $\overline{x}$ 可表示为

$$\overline{x} = \frac{x_1 + x_2 + x_3 + \cdots + x_n}{n} \qquad (1-3-3)$$

而每次测定值 x_1、x_2、$x_3\cdots x_n$ 与平均值 $\overline{x}$ 之差称为测量的误差，用以衡量精密度的高低。其定义式为

$$\Delta x_i = x_i - \overline{x} \qquad (1-3-4)$$

Δx_i 值越小，则测量的精度和准确度越高。如前所述，真实值是未知的，习惯上以 $\overline{x}$ 作为真实值使用，因而误差和偏差也常常混用而不加以区别。

由于偶然误差的随机性，各次测量误差的数值可正可负，故引入算术平均误差 $\overline{\Delta x}$ 的概念，即

$$\overline{\Delta x} = \frac{|\Delta x_1| + |\Delta x_2| + |\Delta x_3| + \cdots + |\Delta x_n|}{n} = \frac{\sum_{i=1}^{n}|\Delta x_n|}{n}$$
$$(1-3-5)$$

而相对平均误差则可表示为

$$\frac{\overline{\Delta x}}{\overline{x}} = \frac{|\Delta x_1| + |\Delta x_2| + |\Delta x_3| + \cdots + |\Delta x_n|}{n\overline{x}} \times 100\%$$
$$(1-3-6)$$

（3）标准偏差和相对标准偏差：若物理量 u 的单次测量值为 x_i，即为 x_1、x_2、$x_3\cdots x_n$，n 次测量的算术平均值为 $\overline{x}$，则标准偏差 S 为

$$S = \sqrt{\frac{\sum_{i=1}^{n}(x_i - \overline{x})^2}{n-1}} \qquad (1-3-7)$$

标准偏差又称为均方根误差，式中 $n-1$ 称为自由度，指独立测定的次数减去在处理这些测量值所用外加关系条件的数目，当测量次数 n 有限时，

$\overline{\Delta x}$ 的等式(1-3-5)为外加条件,所以自由度为 $n-1$。

计算算术平均误差非常方便,但在反映测定精密度时不够灵敏。若对同一测定量有两组数据,甲组每次的绝对误差彼此接近,乙组每次测量的绝对误差有大、中、小之别,如果用算术平均误差表示,可能得到同一结果,如用标准误差表示,就能反映出测定结果的精密度。用标准偏差表示精密度要比用平均误差好,因为单次测量的误差平方之后,较大误差被更显著地反映出来,故更能说明数据的分散程度。因此,在测量误差精密计算时,大多采用标准偏差。

标准误差 S 在平均测量值 $\overline{x}$ 所占百分比称为相对标准偏差,亦称相对标准差(RSD)

$$RSD = \frac{s}{\overline{x}} \times 100\% \qquad (1-3-8)$$

例1. 用 $1/10℃$ 温度计测量苯的沸点,5 次测量获得结果为:80.13℃、80.18℃、80.16℃、80.20℃、80.14℃,求算术平均误差、相对平均误差及苯的沸点(小数点保留 2 位小数)。

解:算术平均值:$\overline{x} = \dfrac{80.13 + 80.18 + 80.16 + 80.20 + 80.14}{5} = 80.16$

算术平均误差:$\overline{\Delta x} = \dfrac{0.02 + 0.02 + 0.00 + 0.04 + 0.02}{5} = 0.02$

相对平均误差:$\dfrac{\overline{\Delta x}}{\overline{x}} = \dfrac{0.02}{80.16} \times 100\% = 0.0025\% = 0.03\%$

苯的沸点:$(80.16 \pm 0.02)℃$。

(4) 间接测量的误差传递:物理化学实验中,很多物理量不能直接测量,如黏度、物质的摩尔质量、渗透压等,需通过其他可直接测量的数据,经过数学运算间接得到,这情况称为间接测量。许多物理化学实验中都包含一系列的测量步骤,可直接测量出几个实验数据,然后按照一定的公式算出最后的结果。显然,各直接测量的误差将通过一定的规律传递到间接测量结果中,而影响其准确度,这就是间接测量的误差传递。实验结果的绝对误差和相对误差可根据表1-1中的公式由直接测量的误差进行求算。

研究误差传递的规律,可以找到影响实验结果准确性和精密度的主要原因,从而有针对性地改进实验方法和仪器,优化实验条件。设物理量 u 是由直接测量值 x 和 y 经函数关系(式 1-3-9)计算而得,即

$$u = f(x, y) \tag{1-3-9}$$

若 x 和 y 的测量误差分别表示为 Δx 和 Δy,当两者均比较小时,可看作微分 dx 和 dy。则 u 的测量误差可表示为

$$du = \left(\frac{\partial u}{\partial x}\right)_y dx + \left(\frac{\partial u}{\partial y}\right)_x dy \tag{1-3-10}$$

式 1-3-10 表明,各直接测量值的误差通过误差传递最终都会影响最后测量结果 u,产生 du 的误差。表 1-1 为误差在不同运算过程中的传递规律。

表 1-1 部分函数的绝对误差和相对误差传递规律

函数式	绝对误差	相对误差
$u = x+y$	$\pm(\lvert dx \rvert + \lvert dy \rvert)$	$\pm(\lvert dx \rvert + \lvert dy \rvert)/(x+y)$
$u = x-y$	$\pm(\lvert dx \rvert + \lvert dy \rvert)$	$\pm(\lvert dx \rvert + \lvert dy \rvert)/(x-y)$
$u = xy$	$\pm(x\lvert dy \rvert + y\lvert dx \rvert)$	$\pm(\lvert dx \rvert/x + \lvert dy \rvert/y)$
$u = x/y$	$\pm(x\lvert dy \rvert + y\lvert dx \rvert)/y^2$	$\pm(\lvert dx \rvert/x + \lvert dy \rvert/y)$
$u = x^n$	$\pm(nx^{n-1}dx)$	$\pm(ndx/x)$
$u = \ln x$	$\pm(dx/x)$	$\pm(dx/(x\ln x))$

例 2. 用冰点降低法测量某溶质的摩尔质量,所用计算公式为

$$M = \frac{1\,000k_f m}{m_0(t_0 - t)} = \frac{1\,000k_f m}{m_0\theta} \tag{1-3-11}$$

式中:k_f 为冰点下降常数,m 为溶质质量,m_0 为溶剂质量,θ 为冰点下降度数,t_0 为溶剂冰点,t 为溶液冰点。由实验测出,$m = (0.300\,0 \pm 0.000\,2)g$,$m_0 = (20.000 \pm 0.002)g$,$\theta = (0.300 \pm 0.008)℃$。求溶质摩尔质量的测量相对误差。

解:根据表 1-1 中误差传递的计算方法,摩尔质量的相对误差为

$$\frac{\Delta M}{M} = \frac{\Delta m}{m} + \frac{\Delta m_g}{m_0} + \frac{\Delta \theta}{\theta} = \frac{0.000\,2}{0.300\,0} + \frac{0.002}{20.00} + \frac{0.008}{0.300}$$

$$= 7 \times 10^{-4} + 1 \times 10^{-3} + 2.6 \times 10^{-2} = 0.028 = 2.8\%$$

从以上计算结果可知,摩尔质量测量的误差的主要来源是温度测量的精度,必须提高温度测量的准确程度,或者增大溶液浓度,但溶液浓度太大则公式 1-3-11 不能运用(只限于稀溶液),而称量的精度对结果的影响很微小。因此,要想减小测量误差,提高测量的准确度,在实验中只能提高温度的测量准确度,应寻找更精密的测温仪器或选用其他更好的实验方法,而不是过分准确地称量,溶剂称量准确性的提高不能增加测定分子量的准确性。

二、有效数字

表示测量结果的数值,其位数应与测量精密度一致。例如称得某化合物重量为$(2.468\,7 \pm 0.000\,5)$g,说明其中“2.468”是完全正确的,末位数“7”不确定。于是前面所有正确的数字和这位有疑问的数字一起称为有效数字,记为 5 位。记录和计算时,仅需记下有效数字,多余的数字则不必记。因此,实验所测量的数值,不仅表示某个测定量的大小,还应反映出测量这个量的准确程度。记录和计算测量结果都应与测量的误差相对应,不应超过测量的精确程度,即测量和计算所表示的数字位数,除末位数字为可疑者外,其余各位数从仪器上可直接测得。数据处理时,一般将所有确定的数字和末位不确定的数字一起称为有效数字。物理化学实验使用的部分仪器的精度见表 1-2。

表 1-2   常用仪器的精度

测量仪器	精度	举例	有效数字位数
1/10 000 电子天平	0.000 1 g	2.655 4	5
1/1 000 电子天平	0.001 g	1.224	4
1/100 电子天平	0.01 g	1.89	3
电光分析天平	0.000 1 g	5.843 0	5

测量仪器	精度	举例	有效数字位数
托盘天平	0.1g	12.7	3
托盘扭力天平	0.01g	11.23	4
10 mL 量筒	0.1 mL	4.7	2
100 mL 量筒	1 mL	58	2
螺旋测微器	0.01 mm	0.65	2
50 mL 滴定管	0.01 mL	25.00	4
100℃温度计	1℃	35	2
1 μL 进样器	0.01 μL	0.67	2
10 μL 进样器	0.1 μL	10.6	3
100 μL 进样器	1 μL	98	2

物理化学实验测量的数据是通过实验仪器获得的结果,与仪器精度息息相关,任何高于或低于仪器精度的数字都是欠妥的。例如,滴定管的最小刻度值为 0.1 mL,读数记为 18.00 mL。若将读数记作 18 mL 或 18.000 mL,前者降低了实验仪器的精确度,后者则夸大了精确度。

现列出与有效数字有关的一些规则和概念。

(1) 绝对误差和相对误差等误差数据,一般只有 1 位有效数字,最多不超过 2 位。

(2) 任何一个物理量的测量数据,其有效数字的最后一位应和误差的最后一位相一致。例如,(2.23±0.01)是正确的表示方法,(2.2±0.01)和(2.231±0.01)都是不对的表示方法。

(3) 测量值有效数字的位数越多,测量数值的精确程度也越大,即相对误差越小。

(4) 测量值有效数字的位数与十进位制的变换无关,与小数的位数也无关。但是,整数 1560 中的 0 无法明确是不是有效数字。为了避免这种困惑,常采用以指数形式的科学记数法。例如,202 000 若表示为三位有效数字,则可写成 2.02×10^5;若表示四位有效数字,则写成 2.020×10^5。所以指数表示法不但避免了与有效数字的定义发生矛盾,也简化了数值的写法,便于计算。

（5）根据 0 在数字中的位置，确定其是否包括在有效数字的位数中。若 0 在数字的前面，只起定位作用，表示小数点的位置，不包括在有效数字中；若 0 在数字的中间或在小数点的末端，则表示一定的数值，应包括在有效数字的位数中。比如 0.32、3.20×10^{-3}、0.032 00 和 3.02 的有效数字位数分别为 2、3、4 和 3。

（6）任何一次直接量度值都要记到仪器最小刻度下一位的最小估计读数，即记到第一位可疑数字。如用普通不锈钢尺测量长度时，最小刻度数为 1 mm，它的最后一位估计读数要记到 0.1 mm。

（7）对数值有效数字位数，仅由小数部分的位数决定，整数部分的首数只起定位作用，不是有效数字。对数运算时，对数小数部分的有效数字位数应与相应的真数的有效数字位数相同。例如，pH＝7.68，其相应的真数为 a（H^+）＝2.1×10 mol/L，即有效数字为二位，而不是三位。

（8）记录和计算结果所得的数值，均只能保留一位可疑数字。当有效数字的位数确定后，其余的尾数应根据"四舍六入五留双"的方法取舍。即当尾数≤4 时舍去，尾数≥6 时进位，当尾数恰为 5 时，则看保留下来的末位数是奇数还是偶数，若是奇数就将 5 进位，若是偶数则将 5 舍弃。总之，应保留"偶数"。这样可以避免舍入后数字取平均值时又出现 5 而造成系统误差。例如，将 9.483 4 和 9.483 6 变为四位数时，应分别为 9.483 和 9.484；将 9.483 5 和 9.484 5 变为四位数时，均为 9.484。

（9）若第 1 位的数值≥8，则有效数字的位数可以多算一位。例如 9.76，虽然实际上只有 3 位有效数字，但在运算时可以看作 4 位有效数字。

（10）加减运算时，各数值小数点后所取的小数位数与其中小数位数最少者一致。乘除运算时，其积或商的有效数字，应以各数值中有效数字最少的为标准。

第四节   实验数据的表示和处理方法

由物理化学实验获得的数据，通过一定的处理方法可以发现实验现象的内在规律和本质。这些规律必须先经过对原始数据进行分析和处理，先进行去粗取精、去伪存真地初步处理,再以适当的方式来表达。物理化学实验数据的表达方式有列表法、作图法和数学方程式法。

一、列表法

实验结束后,将测得的一系列数据按自变量和因变量的对应关系用表格列出这种表达方式称为列表法。数据表由表序、表题、表头和表身组成。列表法简单易行,便于参考比较,实验的原始数据记录一般采用列表法。使用列表法时应注意以下。

(1) 每个表都应有序号,即表序,以便分类查找。表题要根据实验内容简要标明,表头要列出变量的物理量的名称和单位,将数据按顺序列于表身。

(2) 表身中每行或每列的第一栏应标出变量的名称及单位。

(3) 表中的数据应化为最简单的形式,公共的乘方因子应在第一栏的名称中注明。变量的有效数字要与测量的精密度相符合。

(4) 每行中数值的排列要整齐,位数和小数点要对齐。

(5) 实验条件和环境条件应在表中或表外注明,如室温、大气压、测定日期和时间等。

(6) 每一行中的数字要排列整齐,小数点应对齐。应注意有效数字的位数。

二、作图法

1. 作图法的应用 用几何图形来表示实验数据的方法称为作图法。用作图法表达物理化学实验数据,能清楚地显示数据的变化规律,直观显示数据变化的特点,如直线、曲线、极大值、极小值、转折点、周期性及数量的变化速率等重要性质。对于直线可求斜率和截距,对于曲线可求切线斜率,可采用内插、外推等方法对数据作进一步处理。

作图法的应用极为广泛,在物理化学实验中主要有以下几方面的应用。

(1) 求内插值:依据实验数据,作出函数变量间相互关系的曲线,然后找出与某函数相应的物理量的数值。例如,在完全互溶双液体系相图的实验中,先作出环己烷-乙醇系列标准溶液的折光率工作曲线,然后根据所测体系的折光率,由工作曲线求出其组成。此外,根据实验数据绘制的曲线,在曲线范围内找出任一与自变量相对应的因变量数值,可避免过多的实验。

(2) 求外推值:有些不能由实验直接测定的数据,常可以用作图外推的方法求得。在某种情况下,测量数据间的线性关系可以外推到测量范围之外,求某一函数的极限值,这种方法称为外推法。一般外推法可以推到无法用实验方法测量的范围中。例如,黏度法测定高聚物分子量时,首先必须用外推法求得溶液的浓度趋于零时的黏度,即特性黏度,才能算出相对分子质量。可先测定不同浓度时的比浓黏度,再作图外推至浓度为 0 处,即得特性黏度。

(3) 求任何一点函数的导数:在实验数据绘制的曲线上的已知点作切线,求出切线的斜率即为该点函数的导数,是物理化学实验数据处理中常用的方法。例如,在化学动力学实验中做反应物浓度-时间曲线,在不同时间下求曲线切线的斜率即为该时间的反应速率。

(4) 求经验方程式:根据测量数据绘制函数和自变量的关系曲线,若有线性关系:$y = mx + b$,则以相应的 x 和 y 的实验测量值作图,得到一条尽可能连接各实验点的直线,由直线的斜率和截距可求出方程式中 m 和 b 数值,代入上述方程即得所求经验方程。例如,活性炭在乙酸溶液中的吸附实验中,吸附量和乙酸平衡浓度的关系为

$$\frac{x}{m} = Kc^n \qquad\qquad (1-4-1)$$

对上式两边均取对数,转换为线性关系

$$\lg \frac{x}{m} = \lg K + n \lg c \qquad\qquad (1-4-2)$$

再以 $\lg \dfrac{x}{m}$ 对 $\lg c$ 作图,直线的斜率和截距分别为式中的经验常数 K 和 n。

2. **作图法基本要点**　掌握娴熟的作图技术对于获得优良实验结果至关

重要。目前,物理学化学实验课程多采用 Excel、Origin 等软件处理数据和进行计算机辅助作图,带教老师一般会提供事先设计好的 Excel 等数据处理模板,学生只需要将数据填入模板中的数据区域,就可得到需要的处理结果和图表。有的学校会在实验中心网站提供数据处理模板下载。在计算机尚未普及的年代,人们通常用坐标纸进行作图,其需遵循以下基本要点。

(1) 坐标纸和比例尺的选择:实验数据作图首先要选择坐标纸,坐标纸分为直角坐标纸、半对数或对数坐标纸、三角坐标纸和极坐标纸等,其中直角坐标纸最常用。

在绘制直角坐标图时,一般用横坐标表示自变量,以纵坐标表示因变量,横坐标和纵坐标读数不一定从零开始,但应充分合理地利用坐标纸的全部面积。

选好坐标纸后,还要正确选择坐标标度,为了能从图上迅速读出任一点的坐标值,要求能表示全部有效数字且坐标轴上每小格的数值应可方便读出。坐标分度宜选 1、2、5、10 的倍数,不宜为 3,7,9 的整数倍。直角坐标的两个变量的全部变化范围在两个坐标轴上表示的长度要相近,否则图形会扁平或细长。若所作图形为直线,则两坐标轴标度的选择应使直线斜率的绝对值在 1 左右。

(2) 数据点的描绘和连接:习惯上用●、○、■、◆、◇、▲、△等符号表示实验数据点。在同一图中,不同的物理量应选用不同的符号表示,以示区别,并在图标或图题中注明。

作直线或曲线时,应根据所描的数据点,将曲线光滑、连续地描出,曲线应尽可能多地连接各实验数据点。通常曲线并不能通过所有数据点,应遵循"最小二乘法原理",应使数据点平均地分布在曲线两旁,要求使所有的实验点离开曲线距离的平方和最小。

(3) 图名与说明:根据实验数据绘制的图,都应写上简明的图题、横纵坐标表示的物理量名称、标度和单位。此外,还应标注主要的测定条件,比如温度、压力和测定日期等。横纵坐标的标注应是纯数,物理量和单位之间用斜线"/"或"()"隔开。

随着计算机的普及,用计算机作图给物理化学实验数据和绘图处理带来了极大的方便,物理化学实验数据处理常用软件为 Excel、Origin 等。应用计算机作图时，也要遵循以上规则。

三、方程式法

一组实验数据可以用数学方程式表示出来，用数学方程式表示实验数据的方法称为方程式法。这样，一方面可以反映出数据间的内在规律性，便于进行理论解释或说明；另一方面，这样的表示简单明了，记录方便，而且能在实验范围内计算与自变量相对应的函数值，并能对所得方程式进行微分、积分和内插求值。

对于一组实验数据，一般没有一个简单方法可以直接得到一个理想的经验公式，通常是先按一组实验数据作图，根据经验和解析几何原理，猜测经验公式。通常情况下，两个变量间的关系是已知的。但是，当两个变量间存在的具体关系未知时，可以先作图，由图形的形状与已知方程式相对应的图形比较，判断曲线的类型。直线关系是最简单而又容易直接检验的，因此对所得的函数关系式要尽量通过函数变化将其直线化，用图解法求出该直线的斜率和截距，即直线方程式 $y = a + bx$ 中的 a 和 b 两常数。但很多情况下，变量之间的关系为 $y = a + bx + cx^2 + \cdots$ 的多项式，此时可对数据进行数学拟合，求各常数项，而多项式项数的多少以结果满足实验误差要求为准。

值得注意的是，直线方程在物理化学实验中十分重要，通常可用作图法、平均值法和最小二乘法确定方程中的常数 a 和 b。其中最小二乘法处理较烦琐但结果可靠。还可根据最小二乘法原理，用计算机编程，不仅可以快速简捷准确地计算出直线方程中的常数，而且还能给出相关系数。

实验 1　溶解热曲线的测定

一、实验目的

(1) 掌握电热补偿法测定溶解热的原理和方法。

(2) 采用电热补偿法测定硝酸钾的积分溶解热曲线,并计算一定浓度时的积分稀释热、微分溶解热和微分稀释热。

(3) 了解溶解热测定的药学应用。

二、实验原理

1. **溶解热概念**　等温等压下,一定量的物质溶于一定量的溶剂中所产生的热效应称为该物质的溶解热。溶质溶于溶剂的过程包括溶质晶格破坏和电离的吸热过程以及溶质溶剂化的放热过程。总的热效应取决于两者之和,溶解过程吸热和放热都有可能。一定温度和压力下,溶解热效应的大小与溶质和溶剂的相对量有关。例如,硝酸钾溶解在水中的热效应随溶剂水的量增加而增加。

在压力为 101. 325 kPa 时,1 mol 溶质溶于 n_0 mol 溶剂中的热效应,称为浓度 1：n_0 时的积分溶解热 $\Delta H_\mathrm{m}^\circ$。以 $\Delta H_\mathrm{m}^\circ$ 对不同 n_0 作图，所得曲线称为积分溶解热曲线(图 2-1)，本实验测定的是硝酸钾的积分溶解热曲线。当 1 mol 溶质从浓度 1 稀释到浓度 2 时的热效应，称为积分稀释热，为两个浓度下的积分溶解热之差，即

$$\Delta H_\mathrm{m}^\circ(\text{稀释}) = \Delta H_\mathrm{m}^\circ(2) - \Delta H_\mathrm{m}^\circ(1) \qquad (2-1-1)$$

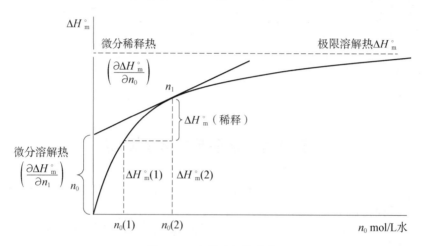

图 2-1　积分溶解热曲线

溶解热效应的大小与溶质的量 n_1 和溶剂的量 n_0 有关，根据偏摩尔量的集合公式

$$\Delta H_\mathrm{m}^\circ = \left[\frac{\partial \Delta H_\mathrm{m}^\circ}{\partial n_0}\right]_{T,\,p,\,n_1} n_0 + \left[\frac{\partial \Delta H_\mathrm{m}^\circ}{\partial n_1}\right]_{T,\,p,\,n_0} n_1 \qquad (2-1-2)$$

式(2-1-2)中 $\left[\dfrac{\partial \Delta H_\mathrm{m}^\circ}{\partial n_0}\right]_{T,\,p,\,n_1}$ 为微分稀释热，其物理意义是在一定温度和压力且溶质的量恒定时，在足够大量的溶液中，溶剂的量变化 1 mol 时引起的热效应；而 $\left[\dfrac{\partial \Delta H_\mathrm{m}^\circ}{\partial n_1}\right]_{T,\,p,\,n_0}$ 的物理意义是在一定温度、压力且溶剂量恒定时，在足量的溶液中，溶质的量变化 1 mol 时引起的热效应。若溶质的量为 1 mol 的系统(即 $n_1 = 1$)，式(2-1-2)可简化为

$$\Delta H_\mathrm{m}^\circ = \left[\frac{\partial \Delta H_\mathrm{m}^\circ}{\partial n_0}\right]_{T,\,p,\,n_1} n_0 + \left[\frac{\partial \Delta H_\mathrm{m}^\circ}{\partial n_1}\right]_{T,\,p,\,n_0} \qquad (2-1-3)$$

作 $\Delta H_m^\circ \sim n_0$ 图可得积分溶解热曲线。若在其某一浓度处(如图 2-1 中的 $n_0(2)$ 处)做一条切线,切线的斜率和截距分别为就是该浓度时的微分稀释热 $\left[\dfrac{\partial \Delta H_m^\circ}{\partial n_0}\right]_{T, p, n_1}$ 和微分溶解热 $\left[\dfrac{\partial \Delta H_m^\circ}{\partial n_1}\right]_{T, p, n_1}$。显然,通过实验测定数据做 $\Delta H_m^\circ \sim n_0$ 图,可以同时测定积分溶解热、积分稀释热、微分溶解热和微分稀释热。

2. 电热补偿法原理 硝酸钾溶解于溶剂水的过程是吸热过程,溶解热、反应热等可以用电热补偿法加以测定。其过程为,首先确定系统的温度,然后在溶解或反应中对系统进行加热,直到溶解和反应完成,系统的温度恢复到起始状态,计算电热量 Q 即为溶解热或反应热。Q 可由电流强度 I (安培)、电压 U(伏特)和通电时间 t (秒)计算得到,公式如下

$$Q = IUt \qquad (2-1-4)$$

$$\Delta H_m^\circ = \frac{Q}{n} \qquad (2-1-5)$$

公式(2-1-5)中 n 为已溶解硝酸钾的物质的量。

3. 已知标准物质法 待测样品五水合硫代硫酸钠的积分溶解热可用标准物质测得,用一已知积分溶解热的标准物质(如氯化钾)标定出量热计的热容量 C,然后根据待测样品溶解前后量热系统温度的变化,可求得待测样品的积分溶解热,即为

$$\Delta H_{m, 2}^\circ = \frac{C M_2 \Delta T_2}{w_2} = \frac{w_1 \Delta H_{m, 1}^\circ}{M_1 \Delta T_1} \times \frac{M_2 \Delta T_2}{w_2} \qquad (2-1-6)$$

式(2-1-6)中 C 是量热系统的热容量,w_1 和 M_1 分别为标准物质的质量和摩尔质量,w_2 和 M_2 为标待测物质的质量和摩尔质量,$\Delta H_{m, 1}^\circ$ 为标准物质在某溶液温度及浓度下的积分溶解热(此值可从附表 11 查到),$\Delta H_{m, 2}^\circ$ 为待测物质的积分溶解热,ΔT_1 为标准物质溶解前后量热系统温度的变化,ΔT_2 待测物质溶解前后量热系统温度的变化。

4. 溶解热曲线的经验方程 硝酸钾的溶解热曲线符合以下经验方程

$$\Delta H_m^\circ = \frac{\Delta H_m^\infty}{b + n_0} n_0 \qquad (2-1-7)$$

式(2-1-7)中 ΔH_m^∞ 为溶剂的物质量 $n_0 \rightarrow \infty$ 时的溶解热,即极限溶解热,而 b 为经验常数。ΔH_m^∞ 和 b 可以将 $\Delta H_m^\circ \sim n_0$ 实验数据通过 Excel 的规划求解法经非线性拟合得到,也可以通过下式线性拟合得到

$$\Delta H_m^\circ = \Delta H_m^\infty - \frac{\Delta H_m^\circ}{n_0} b \qquad (2-1-8)$$

即将 $\Delta H_m^\circ \sim \dfrac{\Delta H_m^\circ}{n_0}$ 线性回归,由截距可得极限溶解热 ΔH_m^∞,斜率负值即为 b。由经验方程式(2-1-7),还可以计算微分稀释热和微分溶解热,具体公式为

$$\left[\frac{\partial \Delta H_m^\circ}{\partial n_0}\right]_{T,p,n_1} = \left[\frac{\partial \left(\dfrac{\Delta H_m^\infty n_0}{b+n_0}\right)}{\partial n_0}\right]_{T,p,n_1} = \frac{\Delta H_m^\infty}{(b+n_0)^2} b \quad (2-1-9)$$

$$\left[\frac{\partial \Delta H_m^\circ}{\partial n_1}\right]_{T,p,n_0} = \Delta H_m^\circ - \left[\frac{\partial \Delta H_m^\circ}{\partial n_1}\right]_{1,p,n_1} n_0 = \frac{\Delta H_m^\infty}{(b+n_0)^2} n_0^2$$

$$(2-1-10)$$

三、仪器和试剂

1. **仪器**　数字电压表(精度 0.001 V),数字电流表(精度 0.001 A),直流电源,量热计(包括保温杯和加热器),数字贝克曼温度计,磁力搅拌器,计时表,电子分析天平,台式天平。

2. **试剂**　硝酸钾,五水合硫代硫酸钠,氯化钾,均为分析纯。

四、实验步骤

1. 电热补偿法测定硝酸钾积分溶解热

(1) 将硝酸钾用研钵研细,存放在干燥器中。

(2) 用分析天平称取 8 份硝酸钾粉末,质量分别为 2.5 g、1.5 g、2.5 g、3 g、3.5 g、4 g、4 g 和 4.5 g,均存放在干燥器中备用。

（3）将外部干燥的保温杯置于一台式天平上，内部加入蒸馏水，直至总质量增加 216.2 g（12 mol 水），并记录水温，作为实验温度。

（4）按图 2 - 2 搭好溶解热测定装置，并连接好导线，其中加热器一头导线先断开。启动磁力搅拌器并调节转速。开启电源，接上加热器导线，调节功率约为 2.5 伏安（电压约 5 V，电流约 0.5 A），准确记录电压值和电流值，当数字贝克曼温度计读数上升 0.5 ℃时，记作标记温度，并按下秒表开始计时。

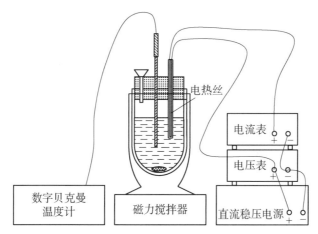

图 2 - 2　溶解热测定装置

（5）在保温杯中的水中慢慢加入第 1 份样品，温度迅速降低，当样品全部加入后。取出漏斗，加塞封口。待温度恢复到标记温度时，记下加热时间，但不要按停秒表，接着通过漏斗加入第 2 份硝酸钾样品。

（6）依次重复步骤 5，直到测完剩下 7 份硝酸钾样品。

（7）清洗仪器，整理实验台和实验室。

2. 标准物质法测定五水合硫代硫酸钠或硝酸钾积分溶解热

（1）量热系统热容的测定：用已知溶解热的氯化钾作为标准物质标定量热系统的热容，不同温度下 1 mol 氯化钾溶于 200 mL 水中的积分溶解热数据见附表 11。实验装置如图 2 - 2 所示，但不含加热装置。

用 500 mL 量筒量取 360 mL 蒸馏水置于热杜瓦瓶中，用保温的塞子塞紧瓶口，缓慢搅拌均匀，使蒸馏水与量热系统的温度达到平衡。每分钟读取温度一次，当连续 5 min 温度读数不变时可认为已达到平衡，此温度即

为 $T_{始}$。

将事先称好的氯化钾(7.5±0.01 g)迅速倒入杜瓦瓶中,塞好瓶塞,缓慢搅拌均匀。因氯化钾溶解为吸热过程,溶解时温度下降,每分钟读取温度一次,直至 5 min 内温度不变,即为 $T_{终}$。再用普通温度计测出量热计的温度。倒出杜瓦瓶中的液体,洗净并晾干。

(2) 硝酸钾积分溶解热的测定:用硝酸钾代替氯化钾重复上述操作,测出 $T_{始}$ 和 $T_{终}$,硝酸钾的用量按 1 mol KNO$_3$:400 mol 水计算,约为 5.1 g,蒸馏水仍为 360 mL。

(3) 五水合硫代硫酸钠积分溶解热的测定:同步骤 2。测定 1 mol Na$_2$S$_2$O$_3 \cdot$5H$_2$O:400 mol 水的积分溶解热,五水合硫代硫酸钠其用量约为 12.4 g,水仍为 360 mL。

五、数据记录和处理

(1) 按表 2 - 1 记录实验数据。

表 2 - 1   硝酸钾溶解热曲线的测定
水的质量 m:_____g;电流 I:_____A;电压 U_____V

| 样品号 | KNO$_3$ | | | n_0/mol | t/s | Q/J | ΔH_m°/(J/mol) | $\Delta H_m^\circ / n_0$ |
	m/g	$M_{累计}$/g	n/mol					
1								
2								
...								
7								
8								

其中:$n_0 = \dfrac{12}{n}$,$Q = IUt$,$\Delta H_m^\circ = \dfrac{Q}{n}$。

(2) 作 $\Delta H_m^\circ \sim n_0$ 图。

(3) 作 $\Delta H_m^\circ \sim \dfrac{\Delta H_m^\infty}{n_0}$ 图,求参数 ΔH_m^∞ 和 b。

(4) 计算 $n_0 = 100$ mol 和 $n_0 = 200$ mol 时的积分溶解热及其 n_0 从 100 mol 增加到 200 mol 时的积分稀释热。

（5）计算 n_0 为 200 mol 时的微分溶解热和微分稀释热。

（6）按公式（2-1-6）计算硝酸钾和五水合硫代硫酸钠的积分溶解热。

六、思考题

（1）电热补偿法能否用来测定液体的比热容、水化热、生成热和液体混合热？

（2）用电热补偿法能否测定溶解是放热过程的溶解热？

（3）测定 KNO_3 溶解热实验中，应怎样正确操作以减少误差？哪些情况会影响实验结果？

（4）为什么开始时体系的温度要高出环境温度 0.5℃？

七、药学应用

溶解热与药物的溶解息息相关，固体口服制剂给药后，药物的吸收取决于生理条件下药物从制剂中的溶出、释放以及药物的溶解过程。研究表明，溶解时吸热或放热对药物溶出有很大影响，溶解热效应与药物的溶出速率、溶解度和分布紧密相关，故溶解热效应测定可用于药物质量控制。此外，溶解热与固体晶格能有关，反映了其结晶性，溶解热测定也是鉴别固体药物多晶型的一种重要手段。

实验 2 | 凝固点降低法测定摩尔质量

一、实验目的

（1）掌握采用凝固点降低法测定萘的摩尔质量。

（2）了解溶液凝固点的测量技术，并加深对稀溶液依数性的理解。

（3）熟悉凝固点降低的药学应用。

二、实验原理

稀溶液的蒸气压、沸点、凝固点、渗透压等与溶质的浓度有关,具有依数性,凝固点降低是依数性的一种表现。固体溶剂与溶液保持平衡时的温度称为溶液的凝固点。在溶液浓度很稀时,确定溶剂的种类和数量后,溶剂凝固点降低值仅仅取决于所含溶质分子的数目。

对析出物为纯固相溶剂的稀溶液的凝固点降低与溶液成分的关系式为

$$\Delta T_f = \frac{R(T_f^*)^2}{\Delta H_m} \cdot \frac{n_2}{n_1 + n_2} \qquad (2-2-1)$$

式中: T_f^* 为以绝对温度表示的纯溶剂的凝固点, ΔT_f 为凝固点降低值, ΔH_m 为摩尔熔化热, n_1 为溶剂的物质的量, n_2 为溶质的物质的量。

当溶液很稀时,有 $n_2 \ll n_1$,则有

$$\Delta T_f = \frac{R(T_f^*)^2}{\Delta H_m} \cdot \frac{n_2}{n_1} = \frac{R(T_f^*)^2}{\Delta H_m} \cdot M_1 m_2 = K_f m_2 \qquad (2-2-2)$$

式(2-2-2)中 M_1 为溶剂的摩尔质量, m_2 为溶质的质量摩尔浓度, K_f 称为溶剂的凝固点降低常数。

若已知溶剂的凝固点降低常数 K_f,测得该溶液的凝固点降低值为 ΔT_f,控制溶剂和溶质的量为 W_1 和 W_2,可通过下式计算溶质的摩尔质量 M_2。即

$$M_2 = K_f \cdot \frac{W_2}{\Delta T_f \cdot W_1} \times 10^3 \qquad (2-2-2)$$

本实验测定凝固点,是将已知浓度的溶液逐渐冷却成过冷溶液,然后促使溶液结晶,当晶体生成时,放出的凝固热使体系温度回升,当放热与散热达成平衡时,温度不再改变,则固液两相达成平衡,此时的温度即为溶液的凝固点。

如图2-3(a)所示,纯溶剂在凝固前温度随时间均匀下降,当达到凝固点时,固体析出,放出热量,补偿了对环境的热散失,因而温度保持恒定,直到全部凝固后,温度再均匀下降。实际上,纯液体凝固时,由于开始结晶出的微小晶粒的饱和蒸气压大于同温度下的液体饱和蒸气压,所以往往产生

过冷现象,即液体的温度要降到凝固点以下才析出固体,随后温度再上升到凝固点,见冷却曲线图 2-3(b)。

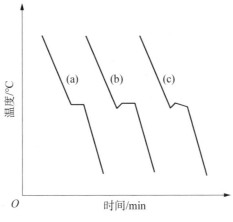

图 2-3　冷却曲线

相对于纯溶剂,溶液的冷却情况大不相同。如图 2-3(c)所示,当溶液冷却到凝固点,开始析出固态纯溶剂。随着溶剂的析出,溶液浓度相应增大,所以溶液的凝固点随着溶剂的析出而不断下降,在冷却曲线上得不到温度不变的水平线段。当有过冷情况发生时,溶液的凝固点应从冷却曲线上待温度回升后外推而得。

三、仪器和试剂

1. **仪器**　凝固点测定仪,磁力搅拌器,磁力搅拌子,普通温度计,25 mL 移液管,压片机,烧杯及精温差测量仪。

2. **试剂**　分析纯环己烷,分析纯萘。

四、实验步骤

(1) 仪器安装:按图 2-4 所示安装凝固点测定仪,盛放冰水混合物的烧杯置于磁力搅拌器上,内置磁力搅拌子。注意测定管、搅拌棒都须清洁、干燥,温差测量仪的探头、温度计都须与棒有一定空隙,防止搅拌时发生摩擦。

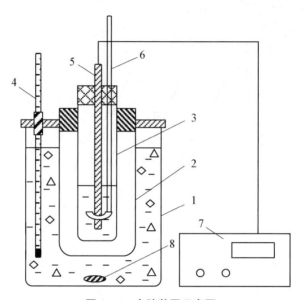

图 2 - 4   实验装置示意图

1. 烧杯,2. 空气套管,3. 测量管,4. 普通温度计,5. 感温探头,6. 搅拌棒,7. 温差仪,8. 磁力搅拌子

(2) 水浴温度调节:调节冰水浴温度低于环己烷凝固点 2~3℃,并应经常搅拌,不断加入碎冰,使冰水浴温度保持基本不变。

(3) 温差测量仪示零调节:将测量仪的测温探头放入测量管中,使数字显示为"0"左右。

(4) 环己烷的参考温度测定:准确移取 25 mL 环己烷于测定管中,塞紧软木塞,防止环己烷挥发,记下环己烷的温度值。将测定管直接放入冰浴中,不断移动搅拌棒,使环己烷逐步冷却。当刚有固体析出时,迅速取出测定管,擦干管外冰水,插入空气套管中,缓慢均匀搅拌,每 30 s 读取精密温差测量仪显示的数值,直至温度稳定,即为环己烷的凝固点参考温度。

(5) 环己烷的凝固点测定:取出测定管,用手温热,同时搅拌,使管中固体完全熔化,再将测定管直接插入冰浴中,缓慢搅拌,使环己烷迅速冷却,当温度降至高于凝固点参考温度 0.5℃时,迅速取出测定管,擦干,放入空气套管中,每秒搅拌一次,使环己烷温度均匀下降,当温度低于凝固点参考温度时,应急速搅拌,防止过冷超过 0.5℃,促使固体析出,温度开始上升,搅拌减慢,每隔 30 s 读取温差测量仪的温度示值,直至温度恒定,此即为环己烷的凝固点。重复测定 3 次,要求环己烷凝固点的绝对平均误差<±0.003℃。

(6)溶液的凝固点测定:取出测定管,使管中的环己烷熔化,从测定管的支管加入事先压成片状的萘(0.2~0.3 g),待溶解后,按步骤 4 和 5 测定溶液的凝固点。先测凝固点的参考温度,再精确测之。溶液凝固点是取过冷后温度回升所达的最后温度,重复 3 次,要求绝对平均误差<±0.003℃。

(7)实验完毕,关闭电源,清洗仪器,整理实验台和实验室。

(8)注意事项:

1)注意搅拌速度和加冰量,以控制过冷程度。

2)测定管(内管)、搅拌棒及温度传感器探头需要干燥洁净,防止带入水分。

五、数据记录和处理

(1)用 $\rho(\text{kg/m}^3)=0.797\,1\times10^3-0.887\,9t$ 计算室温时环己烷密度,并由此计算所取环己烷的质量 $W_1(\text{g})$。

(2)由测定的纯溶剂和溶液凝固点 T_f^* 和 T_f 计算萘的摩尔质量。已知环己烷的凝固点 6.5℃,$K_\text{f}=20.1\,\text{K}\cdot\text{kg/mol}$。

六、思考题

(1)为什么测量溶液凝固点时,必须尽量减少过冷现象? 而测量溶剂凝固点时,却没有做此要求?

(2)凝固点降低公式的使用条件是什么? 为什么必须控制溶质的加入量?

(3)环己烷挥发和萘含有杂质分别对实验结果有何影响?

七、药学应用

溶液凝固点的依数性在药学领域具有广泛应用。凝固点降低值的多少,直接反映了溶液中溶质的质点数目。溶质在溶液中的离解、缔合、溶剂化和配合物生成等情况,都会影响凝固点降低值,溶液的凝固点降低法可用于研究药物分子在溶液中的状态。溶液凝固点降低还可用于测定液体药物制剂的渗透压。

八、其他测量方法或系统

(1) 由于环己烷和萘具有一定毒性,结合学生实验绿色化,可以改为水和蔗糖(或葡萄糖)体系。

(2) 为了进一步提高控制搅拌速度和体系温度的准确性,可采用自冷式凝固点测定仪。

实验 3 | 凝固点降低法测定氯化钠注射液的渗透压

一、实验目的

(1) 掌握凝固点降低法测定溶液渗透压的原理和方法。

(2) 掌握溶液凝固点的测定技术,并加深对稀溶液依数性的理解。

(3) 了解渗透压测定的药学应用。

二、实验原理

溶液中溶剂通过半透膜由低浓度溶液向高浓度溶液扩散的现象称为渗透,阻止渗透所需施加的压力,即渗透压。渗透压是稀溶液的依数性之一,其值依赖于溶液中溶质粒子的数量,通常以渗透压摩尔浓度表示,它反映的是溶液中各种溶质对溶液渗透压贡献的总和。每千克溶剂中溶质的毫渗透压摩尔数,称为毫渗透压摩尔浓度(mOsmol/kg),其计算公式为

$$mOsmol/kg = mi \times 1\,000 \qquad (2-3-1)$$

式(2-3-1)中,i 为一个溶质分子溶解并解离时形成的粒子数,m 为质

量摩尔浓度,即每千克溶剂中溶解溶质的摩尔数。对于理想溶液,葡萄糖和甘油的 $i=1$,氯化钠或硫酸镁的 $i=2$,氯化钙的 $i=3$,柠檬酸钠的 $i=4$。在真实溶液中,由于分子缔合等作用,溶液的理论渗透压摩尔浓度不容易计算,通常采用实际测定值表示。

与蒸气压下降、沸点升高和渗透压一样,凝固点降低也是稀溶液依数性的一种表现。固体溶剂与溶液成平衡时的温度称为溶液的凝固点。在溶液浓度很稀时,确定了溶剂的种类和数量后,溶剂凝固点降低值仅取决于所含溶质分子的数目。

对很稀的溶液($n_2 \ll n_1$),凝固点降低与溶质的质量摩尔浓度之间的关系为

$$\Delta T_f = \frac{R(T_f^*)^2}{\Delta H_m} \cdot \frac{n_2}{n_1} = \frac{R(T_f^*)^2}{\Delta H_m} \cdot M_1 m_2 = K_f m_2 \quad (2-3-2)$$

式(2-3-2)中 T_f^* 为纯溶剂的凝固点,ΔT_f 为溶液的凝固点降低值,ΔH_m 为摩尔熔化热,n_1 为溶剂的物质的量,n_2 为溶质的物质的量,M_1 为溶剂的摩尔质量,m_2 为溶质的质量摩尔浓度,K_f 为溶剂的凝固点降低常数。

稀溶液的渗透压常以质量摩尔浓度来表示,可用凝固点下降原理测定溶液的渗透压,计算公式为

$$O_s = 1\,000 \times \frac{\Delta T_f}{K_f} \quad (2-3-3)$$

将已知浓度的溶液逐渐冷却至某一温度,使溶剂凝固析出,通过作冷却曲线可以确定凝固点。实际测定时往往会产生过冷现象,冷却曲线和溶剂和溶液凝固点的确定如图 2-5(a)和(b)所示。

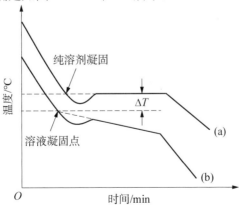

图 2-5 冷却曲线

三、仪器和试剂

1. **仪器** 凝固点测定仪,精密温差测量仪,磁力搅拌器,磁力搅拌子,普通温度计,25 mL 移液管,烧杯。

2. **试剂** 水,1.0%氯化钠标准溶液,0.9%氯化钠注射液,5%葡萄糖注射液。

四、实验步骤

(1) 仪器安装:见实验 2 中图 2-4 为仪器装置示意图。将盛有待测溶液的测定管(内管),隔着空气套管放在冰浴中,在测定管中放精密温差测量仪探温探头和玻璃搅拌棒,冰浴中插入普通温度计并放入磁力搅拌子,用于指示冰浴温度及冰浴搅拌。仪器安装时,注意测定管中的液面须在冰浴液面之下,测定管和搅拌棒都须清洁、干燥,温差测量仪的探头、温度计都须与搅拌棒有一定空隙,防止搅拌时发生摩擦。

(2) 冰浴温度调节:实验 2 中图 2-4 冰浴中放入适量的冷水、碎冰和食盐,使冰浴温度低于冰点 2~3℃,并应经常搅拌,不断加入碎冰,使冰浴温度保持基本不变。

(3) 贝克曼温度计的校正:量取约 25 mL 的 1.0%氯化钠标准溶液于测定管中,插入精密温差测量仪探温探头,置于冰水浴中,不断上下搅拌,同时记录温度随时间的变化,绘制冷却曲线,并按图 2-5 的方法读取凝固点。同法测定纯水的凝固点,由这两个数据对温度计进行校正。

(4) 样品的测定:

1) 取约 25 mL 0.9%氯化钠注射液于测定管中,插入精密温差测量仪探温探头,置于冰水浴中,不断上下搅拌,同时记录温度随时间的变化,绘制冷却曲线,并按图 2-5 的方法读取凝固点,计算凝固点下降值。

2) 5%葡萄糖注射液凝固点的测定方法同 0.9%氯化钠溶液。

(5) 实验完毕,关闭电源,清洗仪器,整理实验台和实验室。

五、数据记录和处理

1. 已知 101.325 kPa 时，1.0%氯化钠标准溶液的凝固点 $T_f^* = -0.58℃$，水的凝固点 $T_f^* = 0℃$，$K_f = 1.86\,K \cdot kg/mol$。

2. 按表 2-2 和表 2-3 及公式(2-3-3)记录并处理数据。

表 2-2 温度计校正数据记录

溶液	c	$T_f/℃$	$\Delta T_f/℃$	温度计校正
标准 1				
标准 2				

表 2-3 凝固点降低和渗透压数据记录

溶液	$T_f/℃$	$\Delta T_f/℃$	mOsmol/kg
0.9%氯化钠注射液			
5%葡萄糖注射液			

六、思考题

(1) 溶质的加入量遵循什么原则? 加入量太多或太少对结果影响如何?

(2) 过冷现象是如何产生的? 如何控制过冷程度?

七、药学应用

渗透压是注射液的重要质量指标,需为等渗溶液,采用冰点降低法测定渗透压在制药领域具有重要的实际意义。目前,市场上已有商品冰点渗透压计。人体的细胞膜或毛细血管壁,一般具有半透膜的性质,在涉及溶质扩散或通过生物膜的液体转运的各种生物过程中,渗透压都起着极其重要的作用。因此,渗透压或渗透压测定对人体内器官和组织的生理功能和新陈代谢活动,对注射剂、滴眼剂、输液等剂型的制备等具有重要意义。《中华人民共和国药典》(简称《药典》)2020年版收录了渗透压摩尔浓度测定方法,对相关药品的渗透压进行检测,为规范药品生产提供了检测依据。目前,除了最常用的冰点下降法外,沸点升高法、蒸气压下降法和半透膜法也可以用来测定样品的渗透压。

实验 4 | 分配系数的测定

一、实验目的

(1) 测定苯甲酸在苯和水中的分配系数,并了解它在两相中的分子形态。

(2) 进一步掌握分液漏斗和滴定管等的使用方法。

(3) 了解分配系数的药学应用。

二、实验原理

在一定温度和一定压力下,当一种溶质溶解在两种互不相溶的溶剂中时,在两相中不发生解离和缔合,则该溶质在两相中的浓度比值为一常数,即为分配定律。分配定律表达式为

$$K = \frac{a_A}{a_B} \qquad (2-4-1)$$

式中:a_A 为溶质在溶剂 A 中的活度,a_B 为溶质在溶剂 B 中的活度,K 为溶质在两相中的分配系数。对于稀溶液,活度约等于物质的量浓度,式(2-4-1)可写为

$$K = \frac{c_A}{c_B} \qquad (2-4-2)$$

式中:c_A 为溶质在溶剂 A 中的浓度,c_B 为溶质在溶剂 B 中的浓度。

若该溶质在溶剂 A 中不电离,也不缔合,而在 B 中缔合成双分子,则分配系数则为

$$K = \frac{c_A^2}{c_B} \quad 或 \quad K' = \frac{c_A}{\sqrt{c_B}} \qquad (2-4-3)$$

根据以上两个式子可确定苯甲酸在苯和水中的分子形态。

三、仪器和试剂

1. 仪器　125 mL 分液漏斗 3 只,10 mL 锥形瓶 3 只,25 mL 移液管 2 只,5 mL 移液管和 2 mL 移液管各 1 只,25 mL 碱式滴定管 1 只。

2. 试剂　分析纯苯甲酸,分析纯苯,0.05 mol/L NaOH 标准溶液,酚酞指示剂试液。

四、实验步骤

(1) 先取 3 个干燥洁净的 125 mL 分液漏斗,用记号笔标明号码,分别准确称入 0.8 g、1.2 g、1.6 g 苯甲酸,并用移液管分别向 3 个分液漏斗中注入 25 mL 苯和 25 mL 去除二氧化碳的蒸馏水。塞紧分液漏斗,在室温下对其进行多次振摇,振摇时动作激烈些,两手不要触及漏斗的盛液部分,避免加热液体样品。静置 1 h 后使其分层达到分配平衡。

(2) 用移液管从 1 号分液漏斗中吸取下层液 5 mL 于一干燥洁净的锥形瓶中,为防止上层液进入,应先用示指按住移液管上端管口,把管尖迅速插入下层液中,然后松开示指,小心吸取下层液,或使移液管尖端鼓有气泡通过上层液进入下层液中取样,再加入约 25 mL 去除二氧化碳的蒸馏水和 1 滴酚酞指示剂,用 NaOH 标准溶液滴定至终点。重复取样滴定一次,两次结果之差不得超过 0.05 mL。

(3) 用移液管移取分液漏斗中 2 mL 上层液于另一只干燥洁净的锥形瓶中,同第 2 步方法进行滴定 2 次,两次结果之差不得超过 0.05 mL。

(4) 采用上法依次测定第 2 和第 3 号分液漏斗中水层和苯层中苯甲酸

的浓度。

五、数据记录和处理

(1) 将测定的实验数据及计算出来的苯甲酸在水层和苯层中的浓度 c_w、c_B 等,记入表 2 - 4。

表 2 - 4 实验数据记录

瓶号	下层用 NaOH/mL			上层用 NaOH/mL			c_w	c_B	$\dfrac{c_w}{c_B}$	$\dfrac{c_w^2}{c_B}$	$\dfrac{c_w}{c_B^2}$
	(1)	(2)	平均	(1)	(2)	平均					
1											
2											
3											

(2) 求出苯甲酸分配系数的平均值,确定苯甲酸在苯和水中的缔合情况。

六、思考题

(1) 测定分配系数是否要求恒温? 实验中如何实现?

(2) 为什么摇动分液漏斗时,不要用手接触分液漏斗的盛液部分?

(3) 为什么要准确称入 0.8 g、1.2 g 和 1.6 g 苯甲酸?

七、药学应用

分配系数定律和分配系数在药学领域具有十分广泛的应用。药物合成中,常通过溶剂萃取的方法将产物或杂质分离出来。在天然产物活性成分提取中,也常用到分液提取。比如,大黄中蒽醌类物质的分级提取,先用碱性水溶液提取蒽醌成分,逐级酸化,用氯仿等萃取水相中不同蒽醌成分。

实验 5 | 化学平衡常数及分配系数的测定

一、实验目的

（1）测定反应碘和碘离子反应的平衡常数。
（2）测定碘在四氯化碳和水中的分配系数。
（3）了解分配系数在药学中的应用。

二、实验原理

在一定温度和一定压力下，碘和碘化钾在水溶液中可建立如下的平衡

$$KI+I_2（水层）\rightleftharpoons KI_3（四氯化碳层）\qquad（2-5-1）$$

用硫代硫酸钠溶液滴定出达到平衡时的水层和四氯化碳层中碘的含量，即可测定平衡常数，注意应在不扰动平衡状态的条件下测定平衡组成。在实验中，当上述平衡达到时，若用硫代硫酸钠标准溶液滴定溶液中 I_2 的浓度，则因随着 I_2 的消耗，平衡将向左侧移动，使 KI_3 继续分解，因而最终只能测得溶液中 I_2 和 KI_3 的总量。为解决这个问题，可在上述溶液中加入四氯化碳，然后充分摇混，其中 KI 和 KI_3 不溶于 CCl_4，当体系温度和压力一定时，式（2-5-1）反应平衡及 I_2 在四氯化碳层和水层的分配平衡同时建立（图 2-6）。测得四氯化碳层中 I_2 的浓度，即可根据分配系数求得水层中 I_2 的浓度。

假设水层中 $KI+I_2$ 的总浓度为 b，KI 的初始浓度为 c，而四氯化碳层中 I_2 的浓度为 a'，I_2 在水层及四氯化碳层的分配系数为 K，实验测得分配系数 K 及

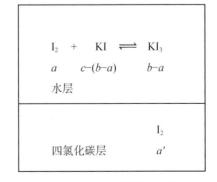

图 2-6　I_2 在两相的分配

四氯化碳层中 I_2 的浓度 a' 后,则根据 $K = a'/a$,即可求得水层中 I_2 的浓度 a。再从已知 c 及测得的 b 计算出反应(2-5-1)的平衡常数

$$K_c = \frac{[KI_3]}{[I_2][KI]} = \frac{b-a}{a[c-(b-a)]} \quad (2-5-2)$$

三、仪器和试剂

1. **仪器** 恒温水浴槽一套,250 mL 碘素瓶(即磨口锥形瓶)3 个,50 mL 移液管 3 只,25 mL 移液管 1 只,5 mL 移液管 3 只,10 mL 移液管 2 只,250 mL 锥形瓶 4 只,碱式滴定管 2 只,10 mL 量筒 2 只,25 mL 量筒 1 只。

2. **试剂** 分析纯四氯化碳,I_2 的 CCl_4 饱和溶液,0.01 mol/L $Na_2S_2O_3$ 标准溶液,0.1 mol/L KI 标准溶液,1%淀粉溶液。

四、实验步骤

(1) 按表 2-5 所列数据,将溶液配于碘素瓶中。

表 2-5 实验数据表

$T:$_____℃,$p:$_____kPa,$c_{硫代硫酸钠}:$_____mol/L

项目	编号 1	编号 2	编号 3
混合溶液组成/mL			
H₂O	200	50	0
I_2 的 CCl_4 饱和溶液	25	25	25
KI 溶液	0	50	100
分析取样体积/mL			
CCl_4 层	5	5	5
H₂O 层	50	10	10
滴定时消耗的 $Na_2S_2O_3$ 标准溶液/mL			
CCl_4 层	平均		
H₂O 层	平均		
	$K=$	K_{c1}	K_{c2}
		$K_c=$	

（2）将配好的溶液置于 25℃ 的恒温水浴槽内，每隔 10 min 取出振荡一次，约经 1 h 后，按表 2-5 所列数据取样进行分析。

（3）分析水层时，用 $Na_2S_2O_3$ 标准溶液滴至淡黄色，再加 2 mL 淀粉溶液作指示剂，然后小心滴至蓝色恰好消失。

（4）吸取 CCl_4 层样时，用洗耳球使移液管尖端鼓泡通过水层进入四氯化碳层，以免水层进入移液管中。锥形瓶中需先加入 5～10 mL 水和 2 mL 淀粉溶液，然后将四氯化碳层样放入锥形瓶中。滴定过程中须充分振荡，以使四氯化碳层中的 I_2 进入水层。为加快 I_2 进入水层，可加入 KI。小心地滴至水层蓝色消失，四氯化碳层中不再现红色。滴定后的和未用完的四氯化碳，皆应倾入回收瓶中，切勿倒入下水道。

五、数据记录和处理

（1）请记录数据于表 2-5 中。
（2）请计算 25℃ 时，I_2 在四氯化碳层和水层中的分配系数。
（3）请计算 25℃ 时，反应（2-5-1）的平衡常数。

六、思考题

（1）配制溶液时，哪种试剂要求准确计量其体积？
（2）测定平衡常数及分配系数为什么要求恒温？
（3）如何加快平衡的到达？
（4）配第 1、2、3 号溶液进行实验的目的何在？
（5）测定四氯化碳层中 I_2 的浓度时，应注意些什么？

七、药学应用

分配系数在有机合成和天然药物提取中具有十分重要的应用，直接影响提取率。此外，分配系数还可用于药物亲水性和亲脂性评价。油水分配直接关系到药物的生物利用度、吸收、分布、转运、药物与体内受体的作用、药物代谢和药物的毒性等。适宜的亲水性能保证药物在体液中的溶解和转运,而一定的亲脂性能保证药物进入细胞器或通过血-脑屏障。在药物经皮吸收和黏膜给药中,亲水性药物主要通过细胞间途径进入体内,而亲脂性药物则经由细胞内途径穿过表皮层。

实验 6 │ 静态法测定液体饱和蒸气压

一、实验目的

(1) 掌握静态法(等位法)测定水在不同温度下蒸气压的原理,了解纯液体饱和蒸气压与温度的关系。

(2) 掌握真空泵、恒温槽及气压计的使用方法。

(3) 学会用图解法求水的平均摩尔汽化热。

(4) 了解饱和蒸气压在药学中应用。

二、实验原理

在一定温度下,密封于真空容器中的液体和它的蒸气会建立动态平衡时,即蒸气分子向液面凝结的速度与液体分子从表面蒸发的速度相等,此时液面上的蒸气压力即成为液体在该温度下的饱和蒸气压。液体的蒸气压与温度有关。当温度升高,液体分子运动加剧,单位时间内从液面逸出的分子数增多,导致蒸气压增大。而当温度降低,蒸气压减小。当蒸气压与外界压力相等时,即发生液体的沸腾。当外压不同时,液体的沸点也不同。当外压为 101.32 kPa(即 1 个大气压)时,液体沸腾的温度为液体的正常沸点。液体的饱和蒸气压与温度的关系可用克劳修斯克拉佩龙方程式表示,即

$$\frac{\mathrm{d}\ln p}{\mathrm{d}T} = \frac{\Delta_{\mathrm{vap}}H_{\mathrm{m}}}{RT^2} \tag{2-6-1}$$

式中:p 为温度 T 时液体的饱和蒸气压,T 为热力学温度,$\Delta_{\mathrm{vap}}H_{\mathrm{m}}$ 为液

体的摩尔汽化热,R 为理想气体常数。当温度变化范围较小时,$\Delta_{vap}H_m$ 可视为常数,将式(2-6-1)积分,可得

$$\ln p = -\frac{\Delta_{vap}H_m}{RT} + C \qquad (2-6-2)$$

式中:C 为与压力 p 的单位有关积分常数。在一定温度范围内,测定不同温度下的饱和蒸气压,以 $\ln p$ 对 $1/T$ 作图可得一条直线,由直线斜率可以求出摩尔汽化热。静态法测蒸气压的方法是调节外压以平衡液体的蒸气压,求出外压就能直接测得该温度下的饱和蒸气压。

三、仪器和试剂

1. **仪器** 数字式低真空测定仪,真空泵及附件,恒温槽,温度计,精密数字压力计,大气压力计。
2. **试剂** 蒸馏水,甘油。

四、实验步骤

(1) 仪器安装:按图 2-7 安装蒸气压测定装置各部件,其核心部件是由 3 个相连的玻璃管 a、b 和 c 组成的是平衡管(图 2-8)。a、b 和 c 管中装入

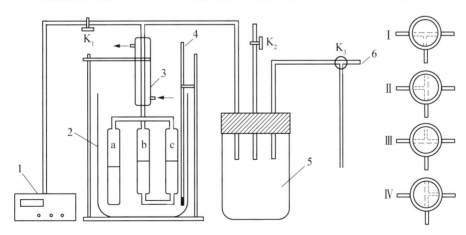

图 2-7 蒸气压测定装置图
1. 数字式真空测定仪,2. 恒温槽,3. 冷凝管,4. 温度计,5. 缓冲瓶,6. 接真空泵

的均为待测液体,连通后构成 U 形压力计。温度恒定时,当 a、c 管的上部充满待测液体的蒸气,b 和 c 管中的液体在同一水平面时,则 c 管液面上的蒸气压与 b 管液面上的压力相等,其值即为待测液体在该温度下的蒸气压。平衡管与冷凝管 3 过玻璃磨口或橡皮塞密闭相连,以防系统漏气。

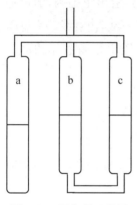

图 2 - 8 平衡管示意图

平衡管中的液体加入法:从 b 管的管口加入液体,将平衡管按图 2 - 7 连接,抽气,将系统的压力降低至 50～60 kPa,缓慢打开缓冲瓶连通大气阀门 K_3 至图 2 - 7 右侧第 I 种位置,大气压力可将液体压入 a 管。

(2) 系统密闭性检查:打开真空泵,关闭缓冲瓶连通大气的阀门 K_2,将 K_3 旋至图 2 - 7 右侧第 III 种位置,使系统压力降低至 50 Pa 左右,将真空泵与缓冲瓶间的进气阀 K_3 右旋至图 2 - 7 右侧第 IV 种位置,关闭真空泵,注意只有 K_3 在图 2 - 7 右侧第 I 或第 IV 种位置时才能关闭真空泵。观察精密数字压力计读数是否发生变化,以检查系统是否漏气。若压力计读数发生明显改变,说明系统漏气,按分段检查法检查堵漏,直至整个系统密闭为止。

(3) 水的蒸气压测定:将平衡管全部浸入恒温槽浴中,同时打开恒温槽开关,接通冷凝水,启动真空泵,将 K_3 右旋至图 2 - 7 右侧第 III 种位置,抽净 a 与 c 管上方的空气,并注意调节缓冲瓶上方的平衡阀 K_2 以防止发生暴沸。当水浴温度达到 40℃时,停止加热。将 K_3 右旋至图 2 - 7 右侧第 IV 种位置,关闭真空泵。在该温度下恒温 10 min 后,缓慢调节缓冲瓶上方的平衡阀 K_2 使空气进入系统,注意防止空气进入 a、c 管上方空间,否则需要重新抽净。当空气将 b 管液面压至与 c 管液面相平时,关闭该平衡阀 K_2,迅速记录温度与压力,此时 b 管液面上方压力即为测量温度下水的饱和蒸气压。同法,依次测定 45℃、50℃、55℃及 60℃时水的饱和蒸气压。

(4) 关泵方法:测量结束后,将 K_3 右旋至图 2 - 7 右侧第 I 种位置,以防止真空泵油倒吸,随后关闭真空泵。

(5) 关闭电源和循环水,读取当天的大气压力和室温。

(6) 清洗仪器,整理实验台和实验室。

(7) 注意事项:

1) 注意关泵前三通的位置,将真空泵与缓冲瓶间的进气阀 K_3 右旋至图 2-7 右侧第Ⅳ种位置,关闭真空泵。

2) 应将平衡管全部浸入恒温槽水浴中,保证恒温。

3) 调节平衡时,注意空气不能倒灌。

五、数据记录和处理

(1) 记录实验数据(表 2-6)。

表 2-6 不同温度下系统的压力和液体的饱和蒸气压

室温:_____℃;大气压:_____kPa

$t/℃$	T/K	$1/T$ (1/K)	系统压力 /kPa	饱和蒸气压 /kPa
40				
45				
50				
55				
60				

(2) 将 $\ln p$ 对 $1/T$ 作图,由该直线斜率计算水的平均摩尔汽化热。

六、思考题

(1) 为什么要抽除平衡管 a 和 c 间的空气?

(2) 水的平均摩尔汽化热为 40.60 kJ/mol,根据实验数据计算相对误差,并分析产生误差的原因。

(3) 实验过程中为什么要防止 b 上方的空气倒流至 c 和 a 的上方? 如何防止?

(4) 缓冲瓶的作用是什么? 如果不加缓冲装置,会出现什么现象?

(5) 能否在加热条件下检查系统的密闭性? 为什么?

七、药学应用

液体或固体的饱和蒸气压是重要的物理化学参数,在药学中具有广泛的应用。饱和蒸气压在药物合成中的分离和提取中有重要应用,对于高沸点、热不稳定且水不溶性的组分,可通过水蒸气蒸馏在相对较低温度下将其蒸出,再经油水分离可得纯组分,水蒸气蒸馏效率就是由该组分的饱和蒸气压和水的饱和蒸气压之比决定的。在药物分析中,饱和蒸气压是气相色谱分析顶空技术测定药中溶剂残留的基础。在药物制剂中应用饱和蒸气压原理可制备气雾剂,特别是通过了解不同温度下的饱和蒸气压,控制常温下气雾剂罐中的压力,以防止意外爆炸。在药剂学中,利用不同温度下的饱和蒸气压计算出的相变热,对了解药物的溶解、物理稳定性等方面也具有意义。

八、其他测定方法

相较于上述静态法,动态法是测量沸点随外压变化的一种方法。液体上方的总压力可调节且用一个大容量的缓冲瓶维持定值,汞压力计测量压力值,加热液体至沸腾时测量其温度。此外,饱和气流法是在一定温度和压力下,用干燥气体缓慢地通过被测纯液体,使气流为该液体的蒸气所饱和。用吸收法测量蒸气量,进而计算出蒸气分压,即为该温度下被测纯液体的饱和蒸气压。

实验 7 | 完全互溶双液系统平衡相图的绘制

一、实验目的

(1)采用回流冷凝法测定不同浓度环己烷-乙醇系统的沸点和气、液两相平衡组成,绘制该完全互溶双液系统沸点-组成图。

(2) 掌握阿贝折光仪的使用方法和原理。

(3) 理解相图和相律的基本概念以及蒸馏和分馏的原理。

(4) 了解相图在药学中的应用。

二、实验原理

在常温时,任意两个为液态的物质混合组成的系统称为双液系统,当两种液体若能按任比例溶解,则为完全互溶双液系统。压力恒定时下,完全互溶双液系统的沸点-组成图,揭示了气两相平衡时,沸点和两相成分组成间的关系。完全互溶双液系统的沸点-组成图有3种类型(图2-9)。

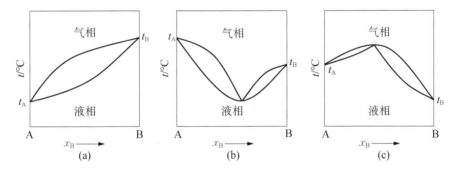

图2-9 完全互溶双液系统的沸点-组成图

(1) 溶液的沸点介于两种纯组分沸点之间,见图2-9(a),如苯-甲苯双液系统。这种双液系统可用分馏法从溶液中分离出两个纯组分。

(2) 溶液具有最低恒沸点,如水-乙醇、环己烷-乙醇双液系统,见图2-9(b)。

(3) 溶液具有最高恒沸点,如硝酸-水双液系统,见图2-9(c)。

如图2-9(b)和图2-9(c)所示,具有最低或最高恒沸点的双液系统,在恒沸点处液相和气相组成相同,这时的混合物称为恒沸混合物。恒沸物不能用简单分馏法分离出两个纯组分,需采用特殊分馏方法。本实验中研究的环己烷-乙醇双液系统具有最低恒沸点,在常压下,对不同组成的样品进

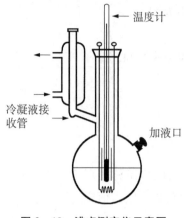

温度计

冷凝液接
收管

加液口

图 2 – 10   沸点测定仪示意图

行回流和冷凝,达到平衡时,测定气液两相平衡时的沸点和两相组成,可绘制沸点-组成图。

实验中,用于测定沸点和平衡组成的装置称为沸点测定仪(图2-10),主要部件为带有回流冷凝管的长颈圆底烧瓶、温度计、电热丝、调压器及干燥管等。冷凝管底部有半球形小室,用以收冷凝下来的气相样品。气相与液相平衡时的沸点可由温度计直接读出,两相的组成可通过测定折光率对照标准曲线计算得到。

三、仪器和试剂

1. **仪器**   沸点仪,阿贝折光仪,超级恒温水浴槽,调压器,0.1 刻度温度计(或精密数字温度计),硅胶干燥管,吸液管,样品管。

2. **试剂**   分析纯环己烷,分析纯无水乙醇,不同浓度的环己烷-乙醇混合样品 8 份。

四、实验步骤

(1) 折光率-浓度标准曲线的绘制:配制环己烷体积分数分别为 0、0.1、0.2、0.3、0.4、0.5、0.6、0.7、0.8、0.9 和 1.0 的环己烷-乙醇溶液,在 25℃时测定各溶液的折光率,作折光率对浓度的标准曲线。标准曲线也可用 Excel 软件中的二次三项式拟合得到,方程式为

$$y = an^2 + bn + c \qquad (2-7-1)$$

上式中:y 为组成(体积分数),n 为溶液折光率,a、b、c 均为拟合参数,其中拟合相关系数 r 应 >0.9999。

(2) 折光仪的使用练习:将连接折光仪的超级恒温水浴槽先调至 25℃,

以纯环己烷或纯乙醇为样品,练习折光率测定的操作,直到能对样品折光率进行迅速准确地测定。注意每次测定后,应对折光仪中的样品池进行清洗和干燥处理。

(3) 沸点测定仪的安装:将清洗和干燥后的沸点仪按图 2 - 10 安装好,塞紧带有温度计或精密数字温度计温度传感探头的塞子,注意温度计的水银球或温度探头不能接触电热丝,冷凝管上部装好硅胶干燥管。

(4) 沸点测定:将约 30 mL 待测样品从加料口倒入沸点仪中,将电热丝完全浸没于溶液中,使温度计水银球或精密数字温度计温度传感探头浸入溶液中 1/2～2/3 处。打开冷凝水,接通电源,调整输出电压约 15～20 V,使液体缓缓加热升温至沸腾。注意勿使电压过大,以免发生爆沸等事故。液体沸腾后,保持回流数分钟,并将接受管中的最初气相冷凝液倒回到液相中 2～3 次,在气液充分平衡后,温度恒定,读取沸点,并停止加热。

(5) 气相和液相组成测定:用干燥的吸管分别吸取气相冷凝液(即气相样品)和残馏液(即液相样品),用阿贝折光仪迅速测定其折光率。测定完毕,将溶液全部收集在指定的回收瓶中。并将沸点仪、取样吸管用电吹风吹干。

(6) 重复步骤 4 和 5,测定其他样品的沸点和气、液两相的折光率。

(7) 准确测量实验时的大气压。

(8) 实验结束,关闭电源,然后关闭冷凝水,整理实验台和实验室。

(9) 注意事项:

1) 为保证测量系统内外气压的一致,系统不能密闭。

2) 测定样品溶液的折光率时,需先测定气相冷凝液,再测定液相冷凝液。

3) 温度计的水银球或精密数字温度计温度传感探头浸入溶液的 1/2～2/3 处。

五、数据记录和处理

(1) 实验数据记录:根据测定的溶液折光率按标准曲线方程,由计算相应的组成。其中 1 号和 10 号样品为纯乙醇和纯环烷,可不作实验测定。其

沸点根据当天的大气压按克劳修斯-克拉贝龙方程计算

$$\ln \frac{p_2}{p_1} = -\frac{\Delta H_{vap}}{R}\left(\frac{1}{T_2} - \frac{1}{T_1}\right) \qquad (2-7-2)$$

压力为 101.325 kPa 时，乙醇的沸点为 78.5℃，摩尔汽化热 ΔH_{vap} 为 3.380 J/mol。环烷的沸点为 353.9 K，摩尔汽化热 ΔH_{vap} 为 29.952 J/mol。

(2) 根据表 2-7 中实验测定的数据绘制环己烷-乙醇溶液的沸点-组成相图。

表 2-7 样品的折光率和组成

室温：_____℃；大气压：_____kPa；折光率测定温度：_____℃

样品序号	沸点/℃	气相		液相	
		折光率	组成(环己烷 V%)	折光率	组成(环己烷 V%)
1					
2					
…					
9					
10					

六、思考题

(1) 如何判断气、液两相已达平衡？

(2) 将恒沸混合物进行精馏时可以得到什么结果？

(3) 将含环己烷 30% 的环己烷-乙醇溶液在 101.325 kPa 进行精馏时，若效率足够高可以得到什么馏出液和残馏液？

(4) 请分析本实验的误差来源有哪些？

七、药学应用

在药学中相图的绘制有着重要的应用。在药物合成中可汽化物质的分离提纯,如蒸馏、分馏和精馏,溶剂的回收;在药物分析中气相色谱的分离原理的建立也是借助该相图完成的。绘制相图可以帮助我们了解最低恒沸点、不同度压力下物质的状态等信息,对指导药物制剂的设计有重要意义。

八、阿贝折光仪

光线自一种透明介质进入另一透明介质的时候,由于两种介质的密度不同,光的传播速度发生变化。当光的传播方向与两个介质的界面不垂直时,传播方向会在界面外发生改变,即折射现象。折光率是很多液体药物规定的理化常数指标之一,测定折光率可以鉴别样品的纯度或测出其含量。阿贝折光仪是一种常用测定折光率的仪器。

1. 阿贝折光仪测定液体样品折光率的原理　阿贝折光仪是根据临界折射现象设计的如图 2 - 11 所示。试样置于棱镜的界面上,而棱镜的折射率 n_p 大于试样的折射率 n。当入射线 1 正好沿着棱镜与试样的界面入射,其折射光则为 1′,此时入射角 $i_1 = 90°$,折射角为 γ_c,即为临界折射角。大于临界角的区域为暗区,小于临界角的区域为亮区。已知在一定温度、压力条件下,入射角 i_M 和折射角 γ_M 与两种介质的折光率 n(介质 M)和 N(介质 m)的关系为

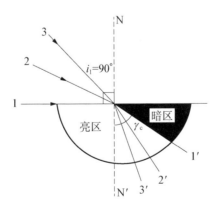

图 2 - 11　折光仪明暗分界线的形成

$$\frac{\sin\alpha_m}{\sin\beta_M}=\frac{n}{N} \tag{2-7-3}$$

由此可知

$$n=n_p\frac{\sin\gamma_c}{\sin 90°}=n_p\sin\gamma_c \tag{2-7-3}$$

如果已知棱镜的折射率 n_p，并在温度、单光波长都保持恒定值的实验条件下，测定临界角，就能计算出试样的折光率 n。基于临界折射角确定折光率的原理，设计成测定折光率的仪器，最常用的是阿贝折光仪。

2. 阿贝折光仪的结构   图 2-12 为典型的阿贝折光仪。其核心部件是由 2 块直角棱镜组成的棱镜组，下面 1 块是可以启闭的辅助棱镜，其斜面是磨砂的毛玻璃面，液体试样夹在辅助棱镜与测定棱镜之间展开为一薄层。光线由光源经反射镜反射至辅助棱镜，并在磨砂面上产生漫反射，因此，各个方向都有从试样层进入测量棱镜的光线，从测量棱镜的直角边上方，可观察到临界折射现象。由于液体折射率与所使用的光线波长和温度有关，在折射仪的上下棱镜的外面设有恒温水接头，以保证棱镜恒温。

图 2-12   阿贝折光仪

通过转动棱镜组的转轴可以调整棱镜的角度，使临界线正好落在测量望远镜视野的十字形准线交点上。因刻度盘与棱镜组是同轴同步动的，从读数放大镜的标尺中就可读得该液体的折射率。

阿贝折光仪刻度盘上有两行示值，右边的一行是在以日光为光源的条件下，直接换算成相当于钠光 D 线的折光率。左边一行示值为 0～95%，是工业上用折光仪测量固体物质在水溶液中浓度的标尺。

3. 液体样品折光率的测定

(1) 仪器的安放:通常,将阿贝折光仪置于靠窗的桌上或普通白炽灯前,但勿暴露于直照的日光中,以免引起试样迅速挥发。安上专用温度计,用橡皮管将测定棱镜和辅助棱镜上保温夹套的进、出水口与超级恒温槽的进、出水口串联接通,恒温温度以折光仪的温度计读数为准,一般为$(20.0\pm0.1)℃$或$(25.0\pm0.1)℃$。

(2) 加样:通过松开锁钮开启辅助棱镜,使其磨砂面处于水平位置,用玻璃滴管加少量丙酮清洗镜面,使难挥发的污物逸走,注意滴管尖勿碰触镜面。必要时可用拭镜纸轻拭面,待镜面干燥后,加试样1~3滴于辅助棱镜的磨砂面上,迅速合辅助棱镜,适当旋紧锁钮。若试样易挥发,可从两棱镜侧面的加液槽加入。

(3) 对光:转动测量手柄,使刻度盘标尺的示值为最小(1.3000),调节反射镜使光线进入棱镜组,同时从图2-12左上侧的测量望远镜中观察,使视场最亮为止。调节望远镜上部的目镜焦距,使视场的准线最清晰。

(4) 粗调:转动图2-12右下侧折光仪测量手柄,使刻度盘标尺的示值逐渐增大,直至观察到视场中出现彩色光带或黑色临界线为止。

(5) 消色散:转动测量望远镜下侧的消色散手柄,使彩色消失而呈现一清晰的黑白临界线。

(6) 精调:再转动测量手柄,使临界线移动到十字形准线的交叉点上。如有彩色产生,须再调消色散手柄消色,使临界线黑白清晰。

(7) 读数:将图2-12右上侧刻度盘罩壳侧面上方的镀铬小窗打开至恰当位置,将光线反射入罩内,然后从望远镜中读出相应的示值。为了减少偶然误差,应转动手柄,重复调节测定3次,数值间相差不能大于0.002,并取平均值。

(8) 仪器的校正:折光仪刻度盘上标尺的零点,有时会发生移动,须加以校正。校正的方法是用一已知折光率的标准液体,一般用纯水按上述方法进行测定,将测定平均值与标准值比较,其差值即为校正值。纯水的$n_{20}^D=1.3325$,温度在15~30℃内的温度系数为$-0.0001/℃$。

实验 8 | 二组分液-液平衡系统

一、实验目的

(1) 测定苯酚-水二组分部分互溶系统相互溶解度曲线。
(2) 从溶解度曲线确定该体系的临界溶解温度。
(3) 学习液体相互溶解度的测定原理和方法。
(4) 了解部分互溶双液系的药学应用。

二、实验原理

两种液体由于极性等性质有显著差异,以至于在常温下只能有条件地相互溶解,超过一定浓度范围便要分层形成两相。液体在液体中的溶解也适用"相似者相溶"的规律。结构、组成、极性和分子大小近似的液体往往可以完全互溶。例如,苯和甲苯以及水和乙醇等都能完全互溶。若两种液体的性质有显著差异,可导致两液体发生部分互溶的现象。这种在一定压力下温度对两种液体互溶程度的影响,可分为具有最高临界溶解温度的系统、具有最低临界溶解温度的系统与同时具有最高和最低临界溶解温度的系统。

本实验研究的部分互溶双液系统为水-苯酚系统,它具有最高临界溶解温度。在常温下将少量苯酚加入水中,它能完全溶解于水。若继续加入苯酚,最终会达到苯酚的溶解度,超过溶解度,苯酚不再溶解,此时系统会出现两个液层,一层是苯酚在水中的饱和溶液(简称水层),另一层是水在苯酚中的饱和溶液(简称苯酚层)。在一定温度和压力下两液层达到平

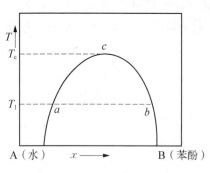

图 2-13　水-苯酚体系

衡后,其组成不变。这时在 T - x 图上有相应的两个点,如图 2 - 13 中的 a 和 b 两点。当在一定压力下升高温度时,两液体的相互溶解度都会增加,即两液层的组成发生变化并逐渐接近,当升到一定温度,两液层的组成相等,两相变为一相,如图中 c 点,c 点的温度称为最高临界溶解温度。恒压下通过实验测得不同温度下两液体的相互溶解度,由精确测定的一系列温度及相应组成数据,就可以绘出此图,找出最高临界溶解温度。

三、仪器和试剂

1. **仪器**　ZT - 2TB 精密数字式温度计,磁力加热搅拌器,磁力搅拌子,分析天平,500 mL 烧杯,100 mL 大试管,移液管,滴定管移液管 1 只,带孔胶塞,空气套管。

2. **试剂**　分析纯苯酚,去离子水。

四、实验步骤

(1) 按图 2 - 14 所示实验装置示意图安装仪器。

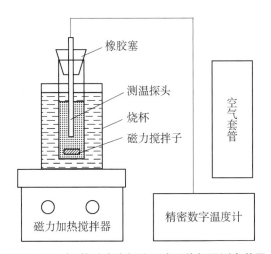

图 2 - 14　水-苯酚液液部分互溶系统相图测定装置

（2）将 5 g 苯酚加入 100 mL 试管中，称量精确到 0.1 g，注意苯酚腐蚀性大且易潮解，称量时应小心。用滴定管加入 2.5 mL 水，保持管内混合物的液面低于水浴的液面。

（3）接通电热磁力搅拌器电源，将大烧杯中的水浴加热到 80℃ 左右，同时搅拌试管内的混合液，使其成分混合。当混合物由浑浊变为澄清时，读取温度，然后将试管提出水面，擦干外部水分，置于空气套管中，不断搅拌，使混合液逐渐冷却，记录混合物由澄清变为浑浊时的温度，这两个温度的差值不应超过 0.2℃，否则必须重复上述加热和冷却的操作，直到符合要求为止其平均值作为混合物的溶解温度，否则需重复上述加热冷却操作。温度升高和降低得越慢，两个温度越接近。

（4）在试管中分次加入蒸馏水，每次 0.5 mL，共 5 次，以后每次加 1 mL，在逐次加入水测定时，溶解度会先升高而后降低。当此温度越过一最高值后，每次加 2 mL 去离子水，共 2 次，以后加 4 mL，直到溶解温度降到 30℃ 以下为止。

五、数据记录和处理

（1）请设计数据表格，记录实验数据。

（2）请计算每次加水后混合液中苯酚的质量分数，将各组成和对应的溶解温度列表。

（3）请以温度为纵坐标，组成为横坐标作水-苯酚系统的溶解度曲线。

（4）请根据溶解度曲线求出最高临界溶解温度。

六、思考题

（1）为什么温度升高和降低得越快，两个温度的差值越大？

（2）为什么将套管连同试管提出水面？记录混合物由澄清变为浊时的温度。

（3）本实验如何证实 c 点为最高临界溶解温度？

（4）在绘制的部分互溶双液系相图中，应用相律说明帽形区内、外以及溶解度曲线上各点的自由度及意义。

七、药学应用

在二组分部分互溶双液系统相图中,会溶温度(最高临界溶解温度)的高低反映了一对液体间互溶能力的强弱,会溶温度越低,则两液体间相互溶解的能力越强,即溶解性越好。因此,药剂学可利用二组分部分互溶双液系统溶解度曲线会溶温度的数据来选择优良的药剂溶剂和制剂配方。

实验 9 ｜ 三组分液-液系统相图的绘制

一、实验目的

(1) 掌握绘制有一对共轭溶液的三组分平衡相图(含溶解度曲线和连接线)。
(2) 掌握相律及用等边三角形坐标表示三组分相图的方法。
(3) 了解三组分平衡相图在药学中的应用。

二、实验原理

对于三组分体系最多可能有 4 个自由度,即温度、压力和 2 个浓度相。在一定温度和压力下,可用等边三角形坐标法作三元相图,是将等边三角形的 3 个顶点各代表一种纯组分,三角形三条边 AB、BC、CA 分别代表 A 和 B、B 和 C 以及 C 和 A 所组成的二组分系统,三角形内任何一点可读出三组分的含量(图 2-15)。例如,图中 O 点的组成按下面方法确定,将三角形每条边 100 等分,代表 100%,过 O 点作平行于各边的直线,并交于 a、b、c 3 点,则 $Oa+Ob+Oc=Cc'+Bc+c'C=AB=BC=CA$,故 O 点的 A、B、C 组成分别为:$A\%=Ca$,$B\%=Ab$,$C\%=Bc$。

本实验将绘制乙酸(A)-苯(B)-水(C)三组分系统相图。其中,乙酸和苯以及乙酸和水完全互溶,而苯和水则不溶或部分互溶(图 2 - 16)。图中 EOF 曲线是溶解度曲线,该线上面为单相区,其下为共轭两相区,e_1f_1 和 e_2f_2 等称为结线。当物系点从两相区转移到单相区,在通过相分界线 EOF 时,系统将从浑浊变为澄清,而从单相区通过 EOF 线变到两相区时,系统则从澄清变为浑浊。因此,根据系统澄明度的变化,可以测定出 EOF 曲线,并绘出相图。例如,当物系点为 D 时,系统中只含苯和水两种组分,此时系统为浑浊的两相,用滴定管滴加乙酸,则物系点沿 DA 线变化,B 和 C 的相互溶解度增大,当物系点变化到 O 点时,系统变为澄清的单相,从而确定了一个终点 O,继续加入一定量的水,系统又变为浑浊的两相,然后再用乙酸滴定,当系统出现澄清时又会得到另一个终点。如此反复,即可得到一系列滴定终点,但该方法由浑变清时终点不明显。因此,本实验使用下述方法。

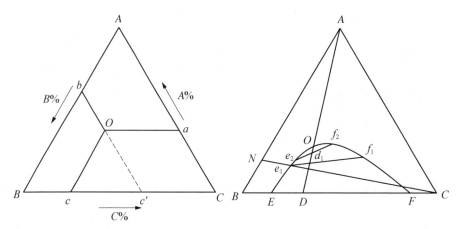

图 2 - 15   等边三角形表示三组分组成   图 2 - 16   一对部分互溶的三组分相图

先混合互溶的 A 和 B 溶液,其组成用 N 表示,在此透明的 A 和 B 溶液中滴入 C,则系统组成沿 NC 线移动,到 e_1 点时,系统由清变浑得到一个终点,e_1 的组成可根据实验中三组分的用量算出,然后加一定量的乙酸(A)使溶液澄清,再用 C 滴定至浑,如此可得到一系列不同组成的终点 e_1、e_2、O、f_1 和 f_2 等,连接这些终点可得溶解度曲线。

本实验测定结线时,在两相区配制混合液(如 d_1),达到平衡时二相的组成一定,只需分析每相中其中一个组分的含量,就可在溶解度曲线上找出每相的组成点(如 e_1 和 f_1),两点的连线即为结线。

三、仪器和试剂

1. **仪器** 100 mL 具塞锥形瓶 2 只,25 mL 具塞锥形瓶 2 只,150ml 锥形瓶 2 只,50 ml 酸式和碱式滴定管各 1 支,2 mL 和 1 mL 移液管各 1 支,10 mL 和 1 mL 公共移液管各 1 支。

2. **试剂** 无水苯,冰乙酸,0.5 mol/L NaOH 标准溶液,酚酞指示剂。本实验所用的冰乙酸可以用无水乙醇代替,以绘制乙醇-苯-水三组分系统相图。

四、实验步骤

1. **溶解度曲线的测定**

(1) 清洗并干燥酸式滴定管和碱式滴定管,酸式滴定管内装乙酸,碱式滴定管装蒸馏水。

(2) 取 1 只干燥而洁净的 100 mL 具塞锥形瓶,用移液管量入 10 mL 苯,用滴定管加入 4 ml 乙酸,然后边振荡边慢慢滴入蒸馏水,溶液由清变浑即为终点,记下水的体积 V_1。

(3) 再向此瓶加入 5 mL 乙酸,系统又成均相,继续用水滴定至终点,记下水的体积 V_2。

(4) 加入 8 mL 乙酸,用水滴定至终点,记下水的体积 V_3,重复操作,记下 V_4。将各组分的用量记录于表 2-8。

(5) 最后再加入 10 mL 苯配制共轭系统 d_1,盖上塞子并每隔 5min 摇动 1 次,半小时后用此溶液测结线 $e_1 f_1$。

(6) 另取 1 只 100 mL 具塞锥形瓶,加入 1 mL 苯和 2 mL 乙酸,用蒸馏水滴至终点,记下水的体积 V_5,同法依次加入 1 mL、1 mL、1 mL、1 mL、2 mL 乙酸,分别用水滴定至终点,记下水的体积 V_6、V_7、V_8、V_9、V_{10},将各组分用量记录于表 2-8。

2. **结线的测定**

(1) 称量 2 只 25 mL 具塞锥形瓶的重量。

（2）上述步骤制备的 d_1 溶液，经半小时后，待 2 层液体分清，用干净的移液管吸取上层液 2 mL，下层液 1 mL，分别装入已经称重的具塞锥形瓶，再称其重量，算出上层液和下层液的重量，记录于表 2-9。

（3）用适量蒸馏水洗上层液于 150 mL 锥形瓶中，以酚酞为指示剂，用 0.5 mol/L 标准 NaOH 溶液滴定乙酸的含量，记录于表 2-9。

（4）用适量蒸馏水洗下层液于 150 mL 锥形瓶中，以酚酞为指示剂，用 0.5 mol/L 标准 NaOH 溶液滴定乙酸的含量，记录于表 2-9。

五、数据记录和处理

1. 数据记录和计算　将终点时溶液中各组分的实际体积和由附表 6 查出的实验温度时 3 种液体的密度（25℃时，$\rho_{乙酸}=1.043$ g/mL、$\rho_{苯}=0.875$ g/mL、$\rho_{水}=0.997$ g/mL），算出各组分的重量百分含量，查出苯与水的相互溶解度 E、F，记入表 2-8，而结线的数据则记入表 2-9。

表 2-8　溶解度曲线的测定

室温：_____℃；大气压：_____kPa；$\rho_{乙酸}$：_____g/mL

$\rho_{苯}$：_____g/mL，$\rho_{水}$：_____g/mL

编号	乙酸 V/mL	乙酸 m/g	苯 V/mL	苯 m/g	水 V/mL	水 m/g	总重量/g	质量百分数 乙酸	质量百分数 苯	质量百分数 水
1	4.00		10.00							
2	9.00		10.00							
3	17.00		10.00							
4	25.00		10.00							
5	2.00		1.00							
6	3.00		1.00							
7	4.00		1.00							
8	5.00		1.00							
9	6.00		1.00							
10	8.00		1.00							
E										
F										
d_1	25.00		20.00							

表 2-9　结线的测定

物系点	液体重/g	V_{NaOH}/mL	含乙酸重/g	乙酸/%
d_1	上层			
	下层			

2. 作图

（1）根据表 2-8 的 1～10 号数据，在等边三角形坐标上，平滑地作出溶解度曲线，并延长至 E 点和 F 点。

（2）在溶解度图上作出相应的 d_1 点，在溶解度曲线上，由表 2-9 将上层的乙酸含量点在含苯较多的一边，下层点在含水量较多的一边，作出 d_1 的结线 $e_1 f_1$ 线，其通过 d_1 点。

六、思考题

（1）测定结线时，吸取下层溶液应如何插入移液管才能避免上层溶液进入沾污？

（2）滴定过程中，若某次滴水量超过终点而读数不准，是否要立刻倒掉溶液重新做实验。

（3）如果结线 $e_1 f_1$ 不通过物系点 d_1，其原因可能有哪些？

（4）如何确定等边三角形坐标的顶点，线上的点、面上的点分别代表几组分的组成？

七、药学应用

三组分相图在药物提纯、结晶、制剂配伍等领域具有广泛的应用，是药厂确定工艺和配方的理论依据。比如，其可用来确定微乳剂存在区域及微乳区面积的大小。在更昔洛韦自乳化释药系统处方优化的研究中，就利用了微乳的三元相图，通过自乳化技术和相图，可筛选出更昔洛韦最佳的处方比例。

实验 10 | 电动势法测溶液酸度和反应热力学函数

一、实验目的

(1) 掌握一些电极的制备和处理方法。

(2) 测定电池的电动势和溶液的酸度。

(3) 了解电动势法测定化学反应热力学函数的原理和方法。

(4) 掌握基于对消法电位差计的测量原理和使用方法。

(5) 了解酸度测定的药学应用。

二、实验原理

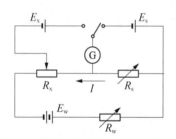

图 2-17 电位差计工作原理示意图

1. 电动势测定原理 实验中,为了使电池反应在接近热力学可逆条件下进行,电池电动势须用电位差计来测量。电位差计是采用对消法或补偿法原理,在电池无电流通过的情况下测定电动势的,其原理图见图 2-17。先根据实验温度调整标准电阻 R_s 值,接通标准电池 E_s,调整工作电阻 R_w,使检流计 G 示零,对消 E_s,此时工作电流 I 是个定值,$I = \dfrac{E_s}{R_s} = $ 常数。然后接通待测电池 E_x,调整电阻 R_x,使检流计 G 示零,此时待测电池的电动势 E_x 等于电阻 R_x 两端的电压降 $E_x = IR_x = $ 常数 $\times R_x$,R_x 在电位差计上直接表示为电动势值。

2. 酸度的测定 酸度测量中,通常将各种氢离子指示电极与参比电极组成电池,通过电动势的测定可计算得到溶液的 pH 值。本实验以醌-氢醌(Q-H$_2$Q 电极)作指示电极,饱和甘汞电极作参比电极,组成电池,电池符号为

饱和甘汞电极 ‖ 未知酸度溶液｜Q‐H_2Q 电极｜Pt 电极

Q‐H_2Q 电极反应为

$$C_6H_4O_2 + 2H^+ + 2e^- \longrightarrow C_6H_4(OH)_2$$

其电极电势可表示为

$$\varphi_{Q/H_2Q} = \varphi^\circ_{Q/H_2Q} - \frac{RT}{2F}\ln\frac{a_{H_2Q}}{a_Q a_{H+}^2} \qquad (2-10-1)$$

由于溶液中 Q 和 H_2Q 的浓度相等,且稀溶液中活度系数大致相等,因此 $a_{Q/H_2Q} = a_Q$,则醌‐氢醌的电极电势可表示为

$$\varphi_{Q/H_2Q} = \varphi^\circ_{Q/H_2Q} - \frac{RT}{2F}\ln\frac{1}{a_{H+}^2} = \varphi^\circ_{Q/H_2Q} - \frac{2.303RT}{F}\text{pH} \quad (2-10-2)$$

于是,上述电池的电动势可表示为

$$E = \varphi^\circ_{Q/H_2Q} - \frac{2.303RT}{F}\text{pH} - \varphi_{饱和甘汞电极} \qquad (2-10-3)$$

实验若测得电池的电动势,则待测溶液的 pH 可按下式求得

$$\text{pH} = \frac{\varphi^\circ_{Q/H_2Q} - E - \varphi_{饱和甘汞电极}}{2.303RT/E} \qquad (2-10-4)$$

在实际酸度测量中,为了消除或减少液体接界电势及所制饱和甘汞电极的电极电位的误差,通常采用二次测量法。即首先测量已知 pH 值的标准缓冲溶液作为电极液时的电池电动势 E_s,然后测量待测溶液作为电极液时的电池电动势 E_x,此时待测溶液 pH 值计算公式为

$$\text{pH}_x = \text{pH}_s + \frac{E_s - E_x}{0.0001984T} \qquad (2-10-5)$$

3. 根据可逆电池电动势求算电池反应的热力学函数　恒温恒压下,可逆电池反应的摩尔吉布斯自由能变化 $\Delta_r G_m$ 与原电池电动势的关系为

$$\Delta_r G_m = -zFE \qquad (2-10-6)$$

式(2‐10‐5)中:F 为 Faraday 常数,z 为电池反应中的电子计量系数,

E 为反应温度下可逆电池的电动势。

在该温度下,电池反应的摩尔熵变化 $\Delta_r S_m$ 可根据 Gibbs-Helmholtz 公式计算求得,即

$$\left[\frac{\partial \Delta_r G_m}{\partial T}\right]_p = -\Delta_r S_m \qquad (2-10-7)$$

将式(2-10-6)代入式(2-10-7),可得

$$\Delta_r S_m = zF\left(\frac{\partial E}{\partial T}\right)_p \qquad (2-10-8)$$

$\left(\frac{\partial E}{\partial T}\right)_p$ 称为电池电动势的温度系数,可通过测定不同温度下电池电动势求得。反应的摩尔焓变 $\Delta_r H_m$ 可由热力学关系式 $\Delta_r G_m = \Delta_r H_m - T\Delta_r S_m$ 和式(2-10-6)及式(2-10-8)求得,公式为

$$\Delta_r H_m = -zEF + zFT\left(\frac{\partial E}{\partial T}\right)_p \qquad (2-10-9)$$

本实验研究的化学反应为

$$Ag(s) + \frac{1}{2}Hg_2Cl_2(s) \longrightarrow AgCl(s) + Hg(l)$$

该反应可设计成电池

饱和甘汞电极 ∥ 未知酸度溶液│Q-H₂Q 电极│Pt 电极
Ag(s)│AgCl(s)│KCl(0.1 mol/L)│Hg₂Cl₂(s)│Hg(l)

尽管该电池的电动势与 KCl 溶液的活度无关,即 $E = E^\circ$,但 KCl 浓度太大对银-氯化银电极有溶解作用,故本实验采用 0.1 mol/L 的 KCl 作电极液。

三、仪器和试剂

1. 仪器   UJ-25 型电位差计,标准电池,检流计,直流稳压电源(或干电池),超级恒温水浴,恒温隔套,磁力搅拌器,半电池管,盐桥,饱和甘汞电

极,甘汞电极(0.1 mol/L KCl),Zn 电极,Cu 电极,铂电极,银-氯化银电极,500 mL 和 50 mL 烧杯。

2. 试剂　0.1 mol/L ZnSO$_4$ 水溶液,0.1 mol/L CuSO$_4$ 水溶液,醌-氢醌溶液,待测溶液,稀硝酸,稀硫酸(约 3.0 mol/L),饱和 Hg$_2$(NO$_3$)$_2$ 溶液。

四、实验步骤

1. 电极制备

(1) 醌-氢醌电极的制备:将少量醌氢醌固体加入标准缓冲溶液或待测溶液中,搅拌使其成为饱和溶液,插入清洗干净的铂电极即为醌-氢醌电极。

(2) 锌电极的制备:Zn 电极需要进行汞齐化,以稀硫酸浸洗锌棒大约 30 s 后,用蒸馏水冲洗,再将其浸入 Hg$_2$(NO$_3$)$_2$ 溶液中 3~5 s,取出后用滤纸轻轻擦亮其表面,最后用蒸馏水洗净。汞齐化时应注意汞有毒,所用过的滤纸应丢在废纸缸中。取一个洁净的半电池管,插入已处理的锌电极,并塞紧封口使不漏气,然后由支管吸入浓度为 0.1 mol/L 的 ZnSO$_4$ 溶液即得锌电极。

(3) 铜电极的制备:先用稀硝酸洗去铜棒表面氧化物,再用蒸馏水冲洗。以该铜电极作阴极,另取一铜棒作阳极,在镀铜溶液中电镀约 15 min,电密度约为 20 mA/cm^2。电镀后,依次用蒸馏水和 0.1 mol/L CuSO$_4$ 冲洗,然后浸入浓度为 0.1 mol/L 的 CuSO$_4$ 溶液中即得铜电极。

2. 电动势的测定

(1) 将电极按表 2-10 组成电池,在电位差计处于"断"位时,按图 2-18 连接各装置并按下述步骤测定各电池的电动势。

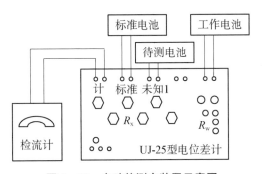

图 2-18　电动势测定装置示意图

(2) 测定并记录实验温度,按下式计算实验温度时的 E_s,并在电位差计的适当位置调整到计算值。

$$E_s = 1.018\,45 - 4.05 \times 10^{-5} \times (T - 293) - 9.5 \times 10^{-7}$$
$$\times (T - 293)^2 + 1 \times 10^{-8} \times (T - 293)^3$$

$$(2 - 10 - 10)$$

(3) 然后,接通标准电池,由粗到微调整工作电阻钮 R_w,先粗后细按下检流计按钮,查看指针的偏转,直到检流计指零。

(4) 接通待测电池(X_1 或 X_2 挡),由大到小调整电阻 R_x 钮,先粗后细按下检流计按钮,查看指针的偏转,直到检流计指零。然后读取待测电池的电动势值。

3. 反应的热力学函数测定

(1) 按图 2-19 连接各装置和接线,开启磁力搅拌器。

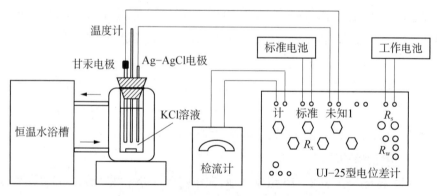

图 2-19　反应热力学函数测定装置示意图

(2) 开启超级恒温水浴槽,调节温度为定值(如 25℃),在电池充分恒温后进行电动测定。

(3) 调节超级恒温水浴槽,使温度上升约 5℃,待充分恒温后,测定该温度下的电动势;接着再次调高超级恒温水浴槽温度约 5℃进行测定,共测定 5~6 个数据,温度读数精确到 0.1℃,估读到 0.02℃。

五、数据记录和处理

（1）请按表 2 - 10 和表 2 - 11 记录实验数据。

表 2 - 10   电池组成及电动势测定数据

电池	E/V
（1）$Zn|ZnSO_4(0.1mol/L)\parallel$ 饱和甘汞电极	
（2）饱和甘汞电极 $\parallel CuSO_4(0.1mol/L)|Cu$	
（3）$Zn|ZnSO_4(0.1mol/L)\parallel CuSO_4(0.1mol/L)|Cu$	
（4）饱和甘汞电极 $\parallel$ 标准缓冲溶液 $|Q-H_2Q|Pt$	
（5）饱和甘汞电极 $\parallel$ 待测溶液 $|Q-H_2Q|Pt$	

表 2 - 11   不同温度下的电池电动势测定值

标准电池温度：_____℃；标准电池电动势：_____V

编号	$t/℃$	T/K	E/V
1			
2			
3			
4			
5			

（2）根据式(2 - 10 - 5)和表 2 - 10 数据计算待测液 pH 值。

（3）根据表 2 - 11 数据作 $E \sim T$ 图，进行线性回归，计算电池电动势温度系数。

（4）根据 $E \sim T$ 关系式，计算 25℃ 时电池的电动势 E，电池反应的 $\Delta_r G_m$、$\Delta_r S_m$ 和 $\Delta_r H_m$。

六、思考题

（1）为什么要采用对消法测定电池电动势？

（2）锌电极为何要制作成锌汞齐电极，这样处理对锌电极电势是否有影响？

（3）如果待测电极极性接反会出现什么现象？线路未接通又会出现什么现象？

（4）如何用电动势法测定电池反应的平衡常数？

（5）在测定电池电动势的实验装置中，工作电池、标准电池和检流计各起什么作用？

七、药学应用

在药学中，药物体系的酸度控制非常重要。酸度影响药物的稳定性，如很多药物的降解属氧化还原反应，亦有氢离子参与。因此，药物降解与氢离子有关。例如，阿扑吗啡在酸性溶液中可以稳定存在，但是在碱性或中性溶液中很快降解。通常，通过控制酸度可以防止液体制剂的氧化降解。

实验 11 ｜ 电解质水溶液电导的测定与应用

一、实验目的

（1）掌握电导率的基本概念，了解测定电解质水溶液电导的压力和方法。

（2）测定弱电解质乙酸的电导率、摩尔电导率、解离度和解离常数。

（3）掌握电导滴定的原理和方法，测定乙酸溶液浓度。

（4）了解电导测定在药学中的应用。

二、实验原理

1. 电导、电导率、摩尔电导率基本概念　氯化钠溶液、乙酸溶液等电解质溶液为第 2 类导体,其导电能力可用电导 G 来表示,为电阻的倒数,单位为 S(西门子)。电导与导体的截面积 A 成正比,与导体的长度 l 成反比,电导 G、截面积 A 和长度 l 间满足关系式

$$G = \kappa \frac{A}{l} \qquad (2-11-1)$$

式中:κ 为比例系数,称为电导率,单位为 S/m。式(2-11-1)可写为

$$\kappa = G \frac{l}{A} \qquad (2-11-2)$$

式中:$\frac{l}{A}$ 对于使用的电导检测电极是一常数,称为电导电极常数,将其以 K 表示,则

$$\kappa = GK \qquad (2-11-3)$$

在两个相距 1 米的平行电极中间,含有 1 mol 电解质溶液,不管体积有多大,此溶液的电导率称为摩尔电导率 Λ_m,单位为 S·m²/mol。由于规定了电解质的量为 1 mol,溶液的体积 V_m 将随浓度的改变而改变,即 $V_m = \frac{1}{c}$,注意 c 的单位为 mol/m³。可推出电导率 κ 与摩尔电导率 Λ_m 的关系为

$$\Lambda_m = \kappa V_m = \frac{\kappa}{c} \qquad (2-11-4)$$

电解质的摩尔电导率 Λ_m 随溶液浓度的稀释而增加,无限稀释时的摩尔电导率为 Λ_m^∞。对于强电解质,其 $\Lambda_m \sim c$ 的关系式为

$$\Lambda_m = \Lambda_m^\infty - A\sqrt{c} \qquad (2-11-5)$$

作 $\Lambda_m^\infty \sim c$ 图,外推至 $c=0$ 处可求得 Λ_m^∞。

2. 电导法测定弱电解质解离度和解离常数 对于乙酸、氨水等弱电解质,某一浓度时的摩尔电导率 Λ_m 与无限稀释时的摩尔电导率之比,为该浓度下弱电解质的解离度 α

$$\alpha = \frac{\Lambda_m}{\Lambda_m^\infty} \qquad (2-11-6)$$

一定浓度的弱电解质摩尔电导率可通过实验测定,无限稀释时的摩尔电导率可查表得到,故可用测定电导率的方法,计算该难度下的弱电解质解离度 α,进而计算弱电解质解离平衡常数。以乙酸为例,其解离平衡常数 K_c 与解离度 α 间的关系式为

$$HAc \rightleftharpoons H^+ + Ac^-$$

开始时 c 0 0

平衡时 $c(1-\alpha)$ $c\alpha$ $c\alpha$

$$\text{衡常 } K_c = \frac{c^2\alpha^2}{c(1-\alpha)} = \frac{c\alpha^2}{1-\alpha} \qquad (2-11-7)$$

3. 电导滴定 所谓电导滴定,是利用滴定终点前后溶液电导变化的转折确定滴定终点的滴定方法。以本实验用 NaOH 溶液滴定乙酸溶液为例,在未滴定前,溶液中的乙酸为弱电解质,解离度很小,电导率很低。当滴加 NaOH 溶液后,氢氧根离子与乙酸或氢离子结合成解离度极小的水,同时钠离子与乙酸根离子结合后成强电解质 乙酸钠,因此,随 NaOH 的加入,溶液电导率逐渐上升。而当滴加 NaOH 溶液超过滴定终点后,继续加入 NaOH 溶液,由于 NaOH 过量,氢氧根离子不再与水结合生成水。因为氢氧根离子导电能力特别强,所以随着 NaOH 溶液的加入,滴定溶液的电导率快速上升。由于滴定终点前后溶液的电导率改变程度不同,滴定曲线为两条不同斜率的直线(如图 2-20 所示),交叉点为滴定终点。

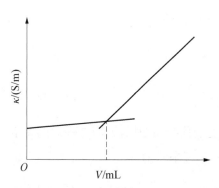

图 2-20   NaOH 溶液滴定 HAc 溶液的电导滴定曲线

三、仪器和试剂

1. 仪器 DDS-11A 型电导率仪,电导电极,超级恒温水浴槽,50 mL 烧杯,100 mL 烧杯,碱式滴定管,移液管。

2. **试剂** 配制 0.020 0 mol/L 标准 NaCl 溶液、0.01 mol/L 醋酸水溶液、0.1 mol/L 标准 NaOH 溶液。

四、实验步骤

1. **NaCl 无限稀释摩尔电导率的测定** 用移液管移入一定体积的 0.020 0 mol/L 标准 NaCl 溶液于烧杯中,测定其电导率。然后用重蒸馏水依次稀释 4 次得到 0.010 0 mol/L、0.005 00 mol/L、0.002 50 mol/L 和 0.001 25 mo/L 的 NaCl 溶液,依此分别测其电导率值。

2. **乙酸解离常数的测定** 将 50 mL 烧杯与电导电极依次用蒸馏水及待测的乙酸水溶液冲洗 2 次,然后装入被测的乙酸溶液,插入电导电极。在 25 ℃恒温水浴中,恒温 10 min 后测定其电导率,重复测定 3 次。

3. **乙酸溶液浓度测定** 用移液管移取 25 mL 未知浓度的乙酸溶液于干燥且洁净的 100 mL 烧杯,插入电导电极测其电导率。然后采用电导滴定法测定其浓度,先用滴定管每次加入 0.1 mol/L NaOH 标准溶液 2~3 mL,待搅均匀后,测其电导率,过滴定终点后再做 6~7 个实验点即告结束,记录数据并绘制滴定曲线。

五、数据记录和处理

(1) 查表已知:Λ_m^∞(HAc) = 0.039 07 S·m^2/mol,Λ_m^∞(AgCl) = 0.013 826 S·m^2/mol。

(2) 请根据实验步骤 1 设计数据记录表格,以 Λ_m(NaCl) 对 c 作图,求 Λ_m^∞(NaCl)。

(3) 请根据实验步骤 2 设计数据记录表格,求 HAc 的解离常数。

(4) 请根据实验步骤 3 的数据记录,将被滴定的乙酸水溶液的电导率对加入 NaOH 溶液的体积作图求得滴定终点,并计算未知乙酸溶液的浓度。

六、思考题

(1) 测定溶液的电导率有何实际应用?

（2）电导率测定中对使用的水有什么要求？

（3）影响弱电解质溶液电导率的因素有哪些？

（4）为什么滴定液浓度比待测液大至少 10 倍？若浓度太小有何影响？

七、药学应用

水溶液电导率测定在药学领域中有着重要的实际意义。例如，水在药品生产中被用作辅料、溶剂或分析试剂等，在药品生产企业或药品研究单位常用电导率测定来对水质进行控制和分析。电导率测定也可用于鉴别乳状液类型、乳状液转型和稳定性的研究。

八、电导率使用说明

（1）DDS－11A 型电导率仪的操作　开机预热，检查读数是否指零。确定"常数"，选择工作频率（电导率＞10^3 档，用"高周"，否则用"低周"），选择适当量程挡。打开"校正"开关，旋动"调整"旋钮，将读数调至满刻度，最后打开"测量"开关，读数。为保护仪器，注意量程选择应由大到小。

（2）DDS－11A 型电导率仪的使用注意事项

1）电极引线不能潮湿，否则所测数据不准。

2）纯水的测量要迅速，因为空气中的二氧化碳会溶解在水中，导致水的电导率迅速增加，影响测量结果。

3）装待测液的玻璃器皿必须清洁，无离子污染。

4）擦拭电极时不可触及铂黑，以免其脱落，引起电导电极常数的改变。

实验 12 ｜ 电导法测定难溶药物的溶解度

一、实验目的

（1）掌握电导法测定硫酸钡和氯化银溶解度的原理和方法。

（2）掌握溶液电导测定的原理和方法。

（3）了解电导法测定难溶药物的溶解度的药学应用。

二、实验原理

硫酸钡、氯化银和矿石类中药等难溶药物的溶解度很小,要直接测定其溶解度用一般的化学滴定方法比较困难,而药物溶解度的大小是衡量其质量的重要指标之一。根据摩尔电导率的定义,电导率与摩尔电导率之间有如下关系

$$\Lambda_{\infty}=\frac{\kappa}{c} \qquad (2-12-1)$$

式中:Λ_{∞} 为摩尔电导率,c 为电解质溶液的浓度,κ 为电导率,对于难溶药物来说即为溶解度。溶物质溶解度一定很小,即使是饱和溶液,离子的浓度仍然很小,这时可近似看作无限稀释溶液。根据科尔劳施离子独立运动定律,该溶液的摩尔电导率可用无限稀释的离子摩尔电导率,通过简单加和求得

$$\Lambda_m^{\infty}=\lambda_{m,+}^{\infty}+\lambda_{m,-}^{\infty} \qquad (2-12-2)$$

$$\Lambda_m^{\infty}=\frac{\kappa}{c} \qquad (2-12-3)$$

常温常压下,一些离子无限稀释的摩尔电导率如下。

（1）$\lambda_m^{\infty}(Ag^+)=61.92\times10^{-4}$ S・m^2/mol

（2）$\lambda_m^{\infty}(Cl^-)=76.34\times10^{-4}$ S・m^2/mol

（3）$\lambda_m^{\infty}\left(\frac{1}{2}Ba^{2+}\right)=63.64\times10^{-4}$ S・m^2/mol

（4）$\lambda_m^{\infty}\left(\frac{1}{2}SO_4^{2-}\right)=79.80\times10^{-4}$ S・m^2/mol

依据上述数据,通过式（2-12-2）求得 Λ_m^{∞},再通过实验测得该溶液的电导率,就能算出有关难溶液药物溶解度。注意实验测得的是电解质和水的总电导率,在运算中要从总电导率减去纯水的电导率。

例如,对于氯化银,有

$$\kappa(\text{AgCl}) = \kappa(\text{AgCl 饱和水溶液}) - \kappa(\text{水}) \qquad (2-12-4)$$

难溶盐在水中的溶解度较小,其溶液可视为无限稀释,所以 AgCl 饱和水溶液的摩尔极限电导率可用无限稀释摩尔极限电导率代替,有

$$\Lambda_{\text{m}}(\text{AgCl}) = \Lambda_{\text{m}}^{\infty}(\text{AgCl}) = \lambda_{\text{m}}^{\infty}(\text{Ag}^{+}) + \lambda_{\text{m}}^{\infty}(\text{Cl}^{-}) \qquad (2-12-5)$$

于是,可由式(2-11-4)来计算 AgCl 在水中的溶解度 c

$$c = \frac{\kappa(\text{溶液}) - \kappa(\text{水})}{\Lambda_{\text{m}}^{\infty}(\text{AgCl})} \qquad (2-12-6)$$

三、仪器和试剂

1. **仪器**   DDS-11A 型电导率仪 1 台,恒温水箱 1 台,100 mL 容量瓶 4 只,15 mL 移液管 2 只,20 mL 烧杯 2 只,洗瓶 1 个。

2. **试剂**   分析纯 AgCl,分析纯 BaSO$_4$,蒸馏水。

四、实验步骤

(1) 打开电导率仪电源预热 10 min 并调整仪器(操作详见实验 11)。

(2) 选择合适的电导电极,将仪器上的电导池常数调到与所用电极上所标的常数一致。

(3) 用蒸馏水配制 AgCl 和 BaSO$_4$ 饱和溶液,并置于(25±1)℃的恒温水箱中恒温 30 min。

(4) 分别快速吸取 15 mL AgCl 和 BaSO$_4$ 饱和溶液置于两只 20 mL 烧杯中,插入电导电极测定电导率,电极的电导池测量端应完全浸溶液中。

(5) 将蒸馏水置于容量瓶并放入恒箱水浴中恒温 30min 后取出,测定其电导率。

(6) 对于 AgCl 和 BaSO$_4$ 饱和溶液每测定 1 次,电极均要用蒸馏水冲洗干净。

（7）测定中需注意电导电极的引线不能潮湿，并适当控制好测定温度，实验结束后，关好电源，充分洗涤电极。

五、数据记录和处理

将实验所测得的 $AgCl$ 和 $BaSO_4$ 溶液及蒸馏水的电导列出，经过计算处理得出 $AgCl$ 和 $BaSO_4$ 的溶解度。

六、思考题

（1）若盐不是难溶盐是否可以利用这个方法求得其溶解度？
（2）电解质溶液电导率的大小受什么因素的影响？

七、药学应用

$AgCl$（解毒剂）、$BaSO_4$（X 线诊断中的钡餐）、As_2S_3（雄黄的主要成分）、HgS（朱砂的主要成分）等难溶药物的溶解度很小，而药物溶解度的大小是衡量其质量的重要指标之一。于是，电导法在其溶解度测定中发挥了重要作用，一定温度下其饱和溶液电导率可用于这些难溶药物的质量控制。此外，药物制剂用水也需要采用电导法控制其质量。

实验 13 | 乙酸乙酯皂化反应速率常数及活化能的测定

一、实验目的

（1）掌握电导法测定乙酸乙酯皂化反应速率常数和半衰期的原理和方法。
（2）了解二级反应的特点，学会用作图法或计算法求取二级反应的速率常数，掌握二级反应活化能的测定方法。

（3）熟悉和掌握电导率仪的使用方法。

（4）了解化学反应动力学在药学领域中的应用。

二、实验原理

乙酸乙酯在碱性条件下的水解反应（即皂化反应）是典型的二级反应，其反应方程式为

$$CH_3COOCH_2CH_3 + NaOH \longrightarrow CH_3COONa + CH_3CH_2OH$$

在皂化反应过程中各物质的浓度随时间的变化，可直接通过酸碱滴定求得（化学法），或通过间接测定溶液电导率而求得（物理法），本实验采用电导法。为处理方便起见，在设计实验时采用相同的反应物起始浓度 c_0。则乙酸乙酯皂化反应的动力学方程为

$$\frac{1}{c} - \frac{1}{c_0} = kt \tag{2-13-1}$$

上式中：k 为反应速率常数。只要测出不同反应时间 t 时刻的浓度 c，就可以计算 k。假定整个皂化反应体系是在稀溶液中进行的，可以认为生成的 CH_3COONa 为完全解离。因此，反应系统中参与导电的离子有 Na^+、OH^- 和 CH_3COO^- 离子。由于 Na^+ 的浓度在反应前后不发生变化，而 OH^- 的导电能力远高于 CH_3COO^-，故反应进程中电导率值将随着溶液中 OH^- 被 CH_3COO^- 取代而不断减小，电导率的变化可反应 OH^- 浓度的变化。令 κ_0 为反应体系起始时的电导率，κ_t 为反应进行至 t 时反应体系的电导率，κ_∞ 为反应完全时溶液的电导率，则有

$$\kappa_0 = K_1 c_0 \tag{2-13-2}$$

$$\kappa_\infty = K_2 c_0 \tag{2-13-3}$$

$$\kappa_t = K_1 c + K_2(c_0 - c) \tag{2-13-4}$$

将式（2-13-2）和式（2-13-3）代入式（2-13-4），消去比常数 K_1 和 K_2，可推出浓度 c 与电导率间的关系式为

$$c = \frac{\kappa_t - \kappa_\infty}{\kappa_0 - \kappa_\infty} K_2 c_0 \qquad (2-13-5)$$

再将式(2-13-5)代入式(2-13-1),可推出

$$\frac{\kappa_0 - \kappa_t}{\kappa_t - \kappa_\infty} = c_0 k t \qquad (2-13-6)$$

根据式(2-13-6),只要测得 κ_0、κ_∞ 和不同时刻的 κ_t 值后,以 $\frac{\kappa_0 - \kappa_t}{\kappa_t - \kappa_\infty}$ 对 t 作图,由直线斜率可以求出乙酸乙酯皂化反应的速率常数 k。

实验中测定电导率使用同一电导率仪和电导池,对同一电导池,电导与电导率成正比。因此,可用电导代替电导率,上述关系式仍然成立,即

$$\frac{G_0 - G_t}{G_t - G_\infty} = c_0 k t \qquad (2-13-7)$$

如果温度变化范围不大,反应速率常数 k 与温度 T 的关系符合阿伦尼乌斯方程

$$\ln \frac{k_2}{k_1} = -\frac{E_a}{R}\left(\frac{1}{T_2} - \frac{1}{T_1}\right) \qquad (2-13-8)$$

$$\ln k = -\frac{E_a}{RT} + \ln A \qquad (2-13-9)$$

测定两个不同温度 T_1 和 T_2 时乙酸乙酯皂化反应速率常数 k_1 和 k_2,可由式(2-13-8)计算出反应的活化能 E_a。若测得多个温度下的速率常数,根据式(2-13-9),由作图法可求得反应的活化能 E_a 和指前因子 A。

三、仪器和试剂

1. **仪器** 恒温水浴槽,SLDS-I型或DDS-11A型电导率仪,停表,电导池(或碘瓶和试管),10 mL移液管,洗耳球。

2. **试剂** 0.02 mol/L NaOH溶液,0.02 mol/L $CH_3COOCH_2CH_3$ 溶液,0.01 mol/L NaOH溶液,0.01 mol/L CH_3COONa 溶液。

四、实验步骤

(1) 图 2 - 21 为实验装置示意图。

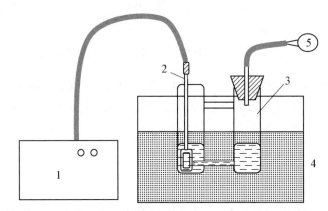

图 2 - 21　电导率法测定乙酸乙酯皂化反应速率常数实验装置示意图
1. 电导率仪,2. 电导电极,3. 双管电导池,4. 恒温水槽,5. 洗耳球

(2) 掌握电导率仪的使用:

1) SLDS - I 型电导率仪操作步骤:电导率仪开机预热 10 min 后,将"温度"旋钮调至实验温度(如 25℃),接着将"校正/测量"开关置于"校正"位置,调节"常数"旋钮使显示数与所使用电极的常数值一致。最后将"校正/测量"开关置于"测量"位置。

2) DDS - 11A 型电导率仪的操作要点见实验 11。

(3) 调节恒温水浴槽至 25℃。

(4) κ_0 的测量:用移液管取适量的 0.01 mol/L NaOH 溶液于电导池中,插入电导电极,置于恒温槽中恒温 10 min。按动"量程/选择"开关选择合适量程(如果数据为 1,表明超出测量范围,应选高挡量程;如读数很小,应选低挡量程),待显示稳定后读数。

(5) κ_∞ 的测量:按上述操作方法测量 0.01 mol/L CH_3COONa 溶液的电导率 κ_∞。

(6) κ_t 的测量:用移液管分别准确吸取 10 mL 的 0.02 mol/L NaOH 和

0.02 mol/L $CH_3COOCH_2CH_3$ 溶液于联通双管电导池中,反应液于分隔的两管中恒温 10 min 后,用洗耳球将一侧反应物压入另一侧,压入、抽回反复操作 3 次使其混合均匀,同时开始计时。在第 5、10、15、20、25、30、40 和 50 min 时分别测其电导率 κ_t。

（7）活化能的测定：选择不同的实验温度,重复上述步骤,测定不同温度时乙酸乙酯皂化反应速率常数,取样时间间隔和反应总时间可作适当调整。

（8）注意事项：

1）电导率仪使用前要先进行校正。

2）注意 NaOH 溶液浓度。

3）NaOH 溶液和 $CH_3COOCH_2CH_3$ 溶液要等体积混合。

五、数据记录和处理

（1）将实验数据和处理结果记录在表 2-12 中。

表 2-12 不同时刻反应体系的电导率值

$T:$ _____ ℃；$c_0:$ _____ mol/L，$\kappa_0:$ _____ S/m；κ_∞ _____ S/m

t/min	$\kappa_t \times 10^3 (\text{S/m})$	$\dfrac{\kappa_0 - \kappa_t}{\kappa_t - \kappa_\infty}$
0		
5		
10		
15		
20		
25		
30		
40		
50		
∞		

（2）作 $\dfrac{\kappa_0 - \kappa_t}{\kappa_t - \kappa_\infty} \sim t$ 图,所得直线的斜率为反应速率常数 k,由 k 可计算反应的半衰期 $t_{1/2}$。

（3）测定不同温度的速率常数值 k,计算反应活化能 E_a。

六、思考题

(1) 本实验为什么在恒温下进行？改变温度进行上实验操作,所得的 k 值是否相同?

(2) 为什么 $0.01\,mol/L\,NaOH$ 溶液和 $0.01\,mol/L\,CH_3COONa$ 溶液的电导率可分别被记为 κ_0 和 κ_∞?

(3) 若 NaOH 溶液和 $CH_3COOCH_2CH_3$ 溶液起始浓度不等,能否计算 k 值?

七、药学应用

二级反应化学动力学在药学领域有着十分广泛的应用,许多药物的水解反应为二级反应。在药物合成中,可以通过改变条件,加快目标反应和抑制副反应;在药物的体内代谢中,可测定药物的消除速率以便制订合理的给药方案;在药物制剂中,可预测药物在室温下的反应速率来确定保存期,这些都是化学反应动力学在药学领域的应用。

实验 14 | 旋光法测定蔗糖转化反应的速率常数

一、实验目的

(1) 掌握一级反应动力学的原理和研究方法。

(2) 测定一级反应的速率常数,并计算反应的半衰期。

(3) 了解旋光仪的基本原理和使用方法。

(4) 了解化学反应动力学在药学中的应用。

二、实验原理

在酸性溶液中,蔗糖将水解生成葡萄糖及果糖,反应式为

$$C_{12}H_{22}O_{11}(蔗糖) + H_2O \longrightarrow C_6H_{12}O_6(葡萄糖) + C_6H_{12}O_6(果糖)$$

该反应的速率与蔗糖、水及催化剂 H^+ 的浓度均有关。水溶液中水含量高,溶剂水的浓度在反应前后基本不变,而 H^+ 是催化剂,其浓度也在反应前后保持不变,于是蔗糖酸性水解反应速率只与蔗糖浓度有关,可视为假一级反应,其动力学方程为

$$\ln c = \ln c_0 - kt \qquad (2-14-1)$$

式中:c 为 t 时间的反应物浓度,k 为反应速率常数,c_0 为反应物的初始浓度。

当 $c = c_0/2$ 时,反应所需的时间称为反应的半衰期,用 $t_{1/2}$ 表示。由 (2-14-1)式可得

$$t_{1/2} = \frac{\ln 2}{k} = \frac{0.693}{k} \qquad (2-14-2)$$

实验中,只需测定不同时刻反应物和产物的浓度,就可由式(2-14-1)和(2-14-2)求得反应的速率常数 k 和半衰期 $t_{1/2}$。

由于本实验中所用的蔗糖及水解产物均为旋光性物质,但它们的旋光能力不同,故可以利用水解反应过程中旋光度的变化来跟踪反应的进程。通常,溶液的旋光度与溶液中所含旋光物质的旋光能力、溶液浓度、溶剂的性质、液层厚度、光源波长及温度等因素有关。为了比较各种物质的旋光能力,引入比旋光度的概念,可用下式表示

$$[\alpha]_D^t = \frac{\alpha}{lc} \qquad (2-14-3)$$

式中:α 为旋光度,t 为实验温度,D 为光源波长,l 为液层厚度,c 为浓度。式(2-14-3)表明,比旋光度为特定温度和给定光源波长下,单位溶液浓度和单位液层厚度下的旋光度,是物质的特性常数。当温度和光源波长等其他条件不变时,旋光度 α 与浓度 c 成正比,即

$$\alpha = Kc \qquad (2-14-4)$$

该式中：K 为比例常数，与物质旋光能力、光源波长、温度、溶剂性质及液层厚度等因素有密切关系。

对于蔗糖酸性水解反应，反应物蔗糖是右旋性物质，其比旋光度 $[\alpha]_D^{20} = 66.6°$，产物中葡萄糖也是右旋性物质，其比旋光度 $[\alpha]_D^{20} = 52.5°$。而果糖却为左旋性物质，其比旋光度 $[\alpha]_D^{20} = -91.9°$。由于反应体系中各旋光物质的旋光度具有加和性，随着水解反应的进行，溶液的旋光性将逐渐由右旋变为左旋。当蔗糖完全转化为产物时，左旋角度可达到最大值。

当水解反应时间为 0、t 和 ∞ 时，溶液的旋光度分别用 α_0、α_t 和 α_∞ 表示。$t = 0$ 时，即蔗糖未转化时，系统的旋光度 α_0 为

$$\alpha_0 = K_反 c_0 \qquad (2-14-5)$$

而当蔗糖已完全转化时，体系的旋光度 α_∞ 为

$$\alpha_\infty = K_生 c_0 \qquad (2-14-6)$$

式中：$K_生$ 和 $K_反$ 分别为生成物和反应物的比例常数。于是，当反应进行到任意时刻，系统的旋光度 α_t 为

$$\alpha_t = K_反 c - K_生 (c_0 - c) \qquad (2-14-7)$$

将式（2-14-5）（2-14-6）和（2-14-7）联立求解，可得到 c_0 和 c 分别与旋光度的关系式

$$c_0 = \frac{\alpha_0 - \alpha_\infty}{K_反 - K_生} = K'(\alpha_0 - \alpha_\infty) \qquad (2-14-8)$$

$$c = \frac{\alpha_t - \alpha_\infty}{K_反 - K_生} = K'(\alpha_t - \alpha_\infty) \qquad (2-14-9)$$

将式（2-14-8）和式（2-14-9）代入式（2-14-1），可得

$$\ln(\alpha_t - \alpha_\infty) = (\alpha_0 - \alpha_\infty) - kt \qquad (2-14-10)$$

若以 $\ln(\alpha_t - \alpha_\infty)$ 对 t 作图为一直线，该直线的斜率的负数为反应速率常数 k，进而可求得半衰期 $t_{1/2}$。若测得不同温度下的速率常数，根据阿伦尼乌斯方程，可求得反应的活化能

$$\ln k = -\frac{E_a}{RT} + \ln A \qquad (2-14-11)$$

由以 $\ln k$ 对 $1/T$ 作图所得直线的斜率可求出反应的活化能 E_a。

三、仪器和药品

1. **仪器**　恒温槽或超级恒温槽(当使用带恒温水隔套的旋光管时),旋光仪(如 WZ - 2 型自动旋光仪或 301 型旋光仪),台秤,停表,100 mL 烧杯,25 mL 移液管,100 mL 带塞三角瓶。

2. **药品**　分析纯蔗糖,3 mol/L 的 HCl 溶液。

四、实验步骤

(1) 熟悉旋光仪的原理、构造和使用方法,了解仪器使用注意事项。

(2) 旋光仪零点的校正:先在旋光管夹套中通入 30℃恒温水,管内装入蒸馏水,恒温后,测量 3 次旋光度,取其平均值,作为旋光仪的零点。

(3) 称取 20 g 蔗糖,加入 100 mL 蒸馏水配成 20％溶液,若溶液混浊则需过滤。用移液管移取 25 mL 蔗糖溶液于干燥的 100 mL 带塞三角瓶中,移取 25 mL 浓度为 3 mol/L 的 HCl 溶液于另一带塞三角瓶中,两者分别放入 30℃恒温槽中恒温。也可配制 10％蔗糖溶液和按 1：4 稀释的 HCl 溶液进行实验。

(4) α_t 的测定:将 HCl 溶液倒入蔗糖溶液中,开始立刻计时。为了使两者完全定量混合,将溶液倒回装有 HCl 溶液的锥形瓶中,摇匀,再倒回原来瓶中,来回倒 3 次。用少量混合液润洗旋光管 2 次,然后将混合液装满旋光管,进行 α_t 的测定。从计时开始,每隔 3 min 测一次旋光度,测定 6 次,继而每隔 5 min 测一次,测定 3 次。

当使用普通旋光管时,应将旋光管置于恒温槽中,测定前迅速取出,两头擦净后进行测定。测定结束后,再迅速放回到恒温槽中。

(5) α_∞ 的测定:将步骤 4 剩余的混合液放入 50～60℃的恒温水浴中,反应 60 min 后冷却至实验温度,测定其旋光度,此值即为 α_∞。

(6) 根据实际需要,还可选做以下实验:

1) 催化剂的用量对反应速率的影响:将 3 mol/L HCl 溶液用蒸馏水稀

释成 1.5 mol/L，重复步骤 4 和 5，测定 α_t 和 α_∞，计算速率常数。

2）温度对反应速率的影响：分别在不同温度（如 25℃、30℃和 35℃）下，使用相同浓度的催化剂，重复步骤 4 和 5，测定 α_t 和 α_∞，计算各温度下的水解反应的速率常数和活化能。不同温度测定时，注意取样时间间隔和反应总时间应作适当调整。

（7）注意事项：

1）装有样品的旋光管光路中不应存有气泡，旋紧旋光管两端的旋光片时既要防止过松引起液体渗漏，又要防止用力过大造成过紧而压碎玻片。

2）由于水解使用盐酸，操作时应特别注意避免酸液滴漏到仪器上腐蚀仪器，实验结束后必须将旋光管洗净。

3）旋光仪中的钠光灯不宜长时间开启，测量间隔较长时应熄灭，以免损坏及温度对 α_t 的测定产生影响。

4）水解时水浴温度不可太高，否则将产生副反应，溶液颜色变黄。同时在恒温过程中避免溶液蒸发影响浓度，以致造成 α_∞ 的测量偏差。

五、数据记录和处理

（1）按表 2 - 13 记录实验数据。

表 2 - 13　不同时刻反应体系的旋光度数据

$\alpha_0 = $ _____ $c(\text{HCl}) = $ _____ mol/L；$c(\text{蔗糖}) = $ _____ ％；
室温：_____ ℃；大气压 = _____ kPa

t/min	α_t	$\alpha_t - \alpha_\infty$	$\ln(\alpha_t - \alpha_\infty)$
0			
…			
∞			

（2）以 $\ln(\alpha_t - \alpha_\infty)$ 对 t 作图，由直线的斜率求出反应速率常数 k，再计算蔗糖水解反应的半衰期。

（3）比较催化剂浓度对反应速率常数 k 及 α_∞ 的影响。

（4）根据阿伦尼乌斯方程，计算蔗糖水解反应活化能 E_a。

六、思考题

（1）旋光度测定时，为什么用蒸馏水来校正旋光仪的零点？在蔗糖转化反应过程中，所测的旋光度 α_t 是否需要零点校正？为什么？

（2）如何判断某一旋光物质是左旋还是右旋？

（3）蔗糖溶液为什么可粗略配制？配制反应液时为什么要用移液管取蔗糖和盐酸溶液？

（4）蔗糖的水解速率和哪些因素有关？

七、药学应用

化学反应动力学在药学领域有着十分广泛的应用，比如药物在体内的吸收、分布、代谢以及排泄等过程都涉及动力学问题，许多药物的吸收和代谢过程就符合一级反应速率方程。另外，药物制剂的稳定性以及有效期的预测也都涉及化学动力学的知识。

八、仪器使用说明

旋光仪是测定物质旋光度的仪器。通过对样品旋光度的测定，可以分析确定物质的浓度、含量及纯度。以下主要介绍常用的 301 型旋光仪和 WZZ‐2 型自动旋光仪。

1. 301 型旋光仪介绍

（1）仪器的构造原理：301 型旋光仪的主要元件是 2 块尼柯尔棱镜，用于产生平面偏振光的棱镜称为起偏镜，另一棱镜称为检偏镜。通过调节检偏镜，能使透过的光线强度在最强和零之间变化。如果在起偏镜与检偏镜之间放有旋光性物质，则由于物质的旋光作用，使来自起偏镜的光的偏振面改变了某一角度，只有检偏镜也旋转同样的角度，才能补偿旋光线改变的角度,使透过的光的强度与原来相同。旋光仪就是根据这种原理设计的。

通过检偏镜用肉眼判断偏振光通过旋光物质前后的强度是否相同是十分困难的,这样会产生较大的误差。为此设计了一种在视野中分出三分视界的装置。其原理是在起偏镜后放置一块狭长的石英片,由起偏镜透过来的偏振光通过石英片时,由于石英片的旋光性,使偏振旋转了一个角度,通过镜前观察。

为便于操作,301 型旋光仪的光学系统以倾斜 20°安装在基座上。光源采用 20 W 钠光灯($\lambda = 5\,893\,\text{Å}$)。钠光灯的限流器安装在基座的底部。检偏器与读数圆盘共同连接转动手轮,转动手轮可调整三分视野。仪器采用双游标读数,以消除刻度盘偏心差。读数盘分为 180 小格,每格 1°,游标分 20 格,读数精度为 0.05。游标窗前方安装有两块 4 倍放大镜,供读数使用。

(2) 使用方法:首先打开钠光灯,稍等几分钟,待光源稳定后,从目镜中观察视野,如不清楚可调节目镜焦距。选用合适的样品管并洗净,充满蒸馏水,应无气泡,放入旋光仪的样品管槽中,调节检偏镜的角度使三分视野消失,读出刻度盘上的刻度并将此角度作为旋光仪的零点。零点确定后,将样品管中蒸馏水换为待测溶液,按同样方法测定,此时刻度盘上的读数与零点读数之差即为该样品的旋光度。

(3) 使用注意事项:旋光仪在使用时,需通电预热几钟,但钠光灯使用时间不宜过长。旋光仪是比较精密的光学仪器,使用时,仪器金属部分切忌被酸碱污染,以免被腐蚀。光学镜片部分不能与硬物接触,以免损坏镜片。不能随意拆卸仪器,以免影响精度。

2. WZZ－2 型自动旋光仪介绍

(1) 仪器的构造原理:WZ－2 型自动旋光仪采用光电检测自动平衡原理,进行自动测量,测量结果由数字显示。

WZZ－2 型自动旋光仪采用 20 W 钠光灯做光源,由小孔光栏和物镜组成一个简单的点光源平行光管,平行光经偏振镜 A(偏振轴为 OO)变为平面偏振光,当偏振光经过有法拉第效应的磁旋线圈时,其振动平面上产生 50 Hz 的 β 角摆动,光线经过偏振镜 B(偏振轴为 PP)投射到光电管上,产生交变的电讯号。

仪器以两偏振镜光轴正交时(即 $OO \perp PP$)作为光学零点,此时,$\alpha = 0°$。当偏振光通过旋光性物质时,偏振光的振动面与偏振镜 B 的偏振轴不垂直,光电检测器便能检测到 50 Hz 的光电讯号,该讯号能使工作频率为 50 Hz 的伺服电机转动,并通过蜗轮、蜗杆将偏振镜 A 转过一个 α 角度。此 α 角度就是被测试样的旋光度,并在旋光仪的数显窗显示。

(2) 使用方法:

1) 将仪器电源插头插入 220 V 交流电源,打开电源开关,这时钠光灯应启亮,预热 5 min,使钠光灯发光稳定。

2) 打开光源开关,如光源开关扳上后,钠光灯熄灭,则再将光源开关上下重复扳动 1~2 次,使钠光灯在直流下点亮,为正常。

3) 打开测量开关,数码管应有数字显示。

4) 将装有蒸馏水或其他空白溶剂的试管放入样品室,盖上箱盖,待示数稳定后,按清零按钮。

5) 取出空白溶剂的试管,将待测样品注入试管,按相同的位置和方向放入样品室内,盖好箱盖。仪器数显窗将显示出该样品的旋光度。

6) 逐次按下复测按钮,重复读几次数,取平均值作为样品的测定结果。

7) 如果样品超过测量范围,仪器在 ±4 处来回振荡。此时,取出试管,仪器即自动转回零位。

8) 仪器使用完毕后,应依次关闭测量、光源及电源开关。

(3) 注意事项:

1) 仪器应放在干燥通风处,防止潮气侵蚀,尽可能在 20℃ 的工作环境中使用仪器,搬动仪器应小心轻放,避免震动。

2) 调零或测量时,试管中不能有气泡,若有气泡,应先让气泡浮在凸颈处;如果两端有雾状水滴,应用软布擦干。试管螺帽不宜旋得太紧,以免产生应力,影响读数。试管安放时应注意标记的位置和方向。

3) 钠灯在直流供电系统出现故障不能使用时,仪器也可在钠灯交流供电的情况下测试,但仪器的性能可能略有降低。

实验 15 | 丙酮溴化反应速率常数的测定

一、实验目的

(1) 掌握初始速率法测定丙酮溴化反应的级数。

(2) 室温下测定用酸作催化剂时丙酮溴化反应的反应速率常数。

(3) 掌握分光光度计的使用方法。

(4) 了解反应速率常数测定的药学应用。

二、实验原理

在酸性溶液中丙酮溴化反应是个复杂反应。随着溴的消耗,溶液的颜色逐渐由黄变淡,其反应式为

$$CH_3COCH_3 + Br_2 \rightleftharpoons CH_3COCH_2Br + Br^- + H^+ \quad (2-15-1)$$

实验结果表明,在酸度不是很高的情况下,丙酮卤化的反应速率与卤素浓度无关,其反应速率方程为

$$r = -\frac{dc_{Br_2}}{dt} = \frac{dc_E}{dt} = kc_A^p c_{H^+}^q \quad (2-15-2)$$

式中:c_{Br_2} 为溴浓度,c_E 为溴代丙酮浓度,c_A 为丙酮浓度,c_{H^+} 为离子浓度,k 为反应速率常数,p 和 q 分别为 c_A 与 c_{H^+} 浓度指数。若 p、q、k 确定,则速率方程也确定。

为测定指数 p,必须进行两次实验。在两次实验中,丙酮的初始浓度不同,而 H^+ 的初始浓度不变。设第 1 次实验中丙酮的初始浓度 $(c_{A,0})_I$ 是第 2 次实验中浓度 $(c_{A,0})_{II}$ 的 n 倍,则有

$$\frac{r_I}{r_{II}} = \frac{(dc_{Br_2}/dt)_I}{(dc_{Br_2}/dt)_{II}} = \frac{(kc_{A,0}^p \cdot c_{H^+}^q)_I}{(kc_{A,0}^p \cdot c_{H^+}^q)_{II}} = n^p \quad (2-15-3)$$

对上式取对数,得

$$p = \lg\frac{(r_{\text{I}}/r_{\text{II}})}{\lg n} \qquad (2-15-4)$$

若再做一次实验,使 $(c_{\text{A},0})_{\text{III}} = (c_{\text{A},0})_{\text{I}}$,而 $(c_{\text{H}^+,0})_{\text{III}}$ 是 $(c_{\text{H}^+,0})_{\text{I}}$ 的 m 倍,同理可求出指数 q

$$q = \lg\frac{(r_{\text{I}}/r_{\text{III}})}{\lg m} \qquad (2-15-5)$$

若保持丙酮和氢离子的初始浓度远大于溴的初始浓度,那么随着反应的进行,丙酮和氢离子的浓度将基本保持不变。则式(2-15-2)积分后可得

$$-c_{\text{Br}_2} = kc_{\text{A}}^p c_{\text{H}^+}^q\, t + Q \qquad (2-15-6)$$

式中:Q 为积分常数。

采用分光光度法在波长 450 nm 处测定浓度随时间的变化来跟踪反应的进行。由朗伯-比尔定律,可得

$$A = Bc_{\text{Br}_2} \qquad (2-15-7)$$

式中:A 为吸光度,B 为常数。将式(2-15-7)代入式(2-15-6),得

$$-A = kBc_{\text{A}}^p c_{\text{H}^+}^q t + BQ$$

用 A 对 t 作图可得直线,由斜率能求出反应速度常数 k。

三、仪器和试剂

1. **仪器**　722S 型分光光度计,超级恒温水溶,100 mL 碘量瓶,50 mL 容量瓶,5 mL、10 mL、25 mL 移液管,秒表。

2. **试剂**　0.02 mol/L 溴溶液,4 mol/L 丙酮,1 mol/L 盐酸。

四、实验步骤

(1) 熟悉分光光度计的构造,学习使用办法,了解仪器使用注意事项。

(2) 仪器校正。

(3) 常数 B 的确定：按表 2-14 中所列数据，用移液管准确移取 Br_2 溶液和 HCl 溶液于 50 mL 容量瓶中，配制 3 份溶液，充分混合放置 10 min 后，在波长 450 nm 处测它们的吸光度。

(4) 丙溴化反应动力学参数的确定：将超级恒温水浴温度调至 25℃。按表 2-15 设计实验来测定丙酮溴化反应的速率常数和反应级数。精确移取适量的溴、水和盐酸至 100 mL 碘量瓶中，混匀。将丙酮溶液精确移入另一碘量瓶中。将两个碘量瓶一起置于 25℃ 恒温水中恒温。10 min 后，将丙酮迅速倒入盛有溴水和盐酸的碘量瓶中，立即开始计时。同时充分混合溶液。每分钟测定一次吸光度，同时记录时间，直到吸光度约为 0.1 以下为止。注意比色架和比色皿要保持清洁，不能用手触碰透光玻璃面。分光光度计仪器连续使用时间不宜超过 2 h。若需长时间使用，应每连续使用 2 h 后，关闭仪器电源 30 min 再工作。

五、数据记录和处理

(1) 将实验测得值和计算所得 c_{Br_2} 和常数 B 填入表 2-14 中。

表 2-14 样品的吸光度 A 和 B 值

编号	V_{Br_2}/mL	V_{HCl}/mL	V_{H_2O}/mL	c_{Br_2}	A	B
1	10.0	10.0	30.0			
2	6.0	10.0	34.0			
3	3.0	10.0	37.0			

(2) 按表 2-15 设计反应体系。列表记录测得的吸光度，并计算每个吸光度对应的溴浓度。以溴浓度对时间 t 作图，求出同一时刻的反应速度，按式(2-15-4)和式(2-15-5)计算反应级数 p 和 q。

表 2-15　初始反应体积

编号	V_{Br_2}/mL	V_{HCl}/mL	V_{H_2O}/mL	$V_{丙酮}$/mL
1	10	10	20	10
2	10	10	25	5
3	10	5	25	10

（3）以吸光度 A 对时间 t 作图，利用直线斜率，求反应的速度常数 k。

六、思考题

（1）影响反应速率的主要因素是什么？

（2）本实验中，当反应物丙酮加到含有溴水的盐酸溶液中开始计时，这对实验结果有无影响？为什么？

七、药学应用

化学反应速率常数的测定，在药物作用机制和药物稳定性研究中有广泛的应用。如酮洛芬、多沙唑嗪对映体、苹果酸奈诺沙星胶囊、紫杉醇脂质纳米粒、人参皂苷 A 的药代动力学研究，可阐明药物的作用机制，预测其降解趋势，提高药物的疗效。药物降解反应动力学在其稳定性研究和有效期预测等方面具有重要应用。

八、722S 可见分光光度计使用说明

1. **原理**　物质对入射光的吸收程度为吸收度 A，与该物质的浓度 c、摩尔吸光系数 ε 及溶液厚度 b 之间的关系服从朗伯-比耳定律，即

$$A = \varepsilon b c$$

光源发出的光经色散装置分成单色光后进入样品池，利用检测装置并显示光被吸收的程度。

2. 使用方法

（1）接通电源，打开仪器电源开关，开启比色室盖，预热 30 min。

（2）将盛有参比溶液与被测溶液的比色皿放在比色皿架上，并转入比色室。

（3）调节波长旋钮，选择合适的波长。将"模式"按钮调至"透光率"。

（4）拉动比色皿架拉杆，将参比溶液对准光路。开启比色室盖，用"0％T"旋钮调节显示器上透光率为 0，关闭比色室盖，用"100％T"旋钮调节显示器上透光率为 100。再将"模式"转为"吸光度"，则显示器上显示值应为0.000。

（5）拉动比色皿架拉杆，将被测溶液对准光路，显示屏指示的数字就是被测溶液的吸光度。

（6）测定完毕后，取出比色皿洗净，晾干后放入比色皿盒中，关闭仪器电源后，盖上防尘罩。

实验 16 │ 过氧化氢与碘化钾反应速率常数和活化能的测定

一、实验目的

（1）测定不同温度下过氧化氢与碘化钾反应的速率常数，并计算反应的活化能。

（2）掌握反应速率常数和活化能的测定方法。

（3）了解活化能的概念及其对反应速率的影响。

（4）了解反应速率常数和活化能在药学中的应用。

二、实验原理

对于大多数反应，温度对反应速率的影响比浓度的影响要大。阿伦尼乌斯根据大量的实验数据，提出了反应速率常数 k 随温度 T 变化关系的经

验公式

$$k = A\exp\left(\frac{-E_a}{RT}\right) \tag{2-16-1}$$

式中:E_a 为活化能,k_0 为频率因子或指前因子。将式(2-16-1)两边取对数,可得

$$\ln k = -\frac{E_a}{RT} + \ln k_0 \tag{2-16-2}$$

以 $\ln k$ 对 $1/T$ 作图,可得直线,由其斜率和截距可分别求出 E_a 和 E_0。对式(2-16-2)两边微分,可得

$$\frac{d\ln k}{dT} = \frac{E_a}{RT^2} \tag{2-16-3}$$

当温度变化范围不大时,温度对 E_a 影响较小,式(2-16-2)经分离变量和定积分,可得反应速率常数 k 随温度 T 变化的关系式

$$\ln \frac{k_2}{k_1} = -\frac{E_a}{R}\left(\frac{1}{T_2} - \frac{1}{T_1}\right) \tag{2-16-4}$$

式中:k_2 和 k_1 分别为在温度 T_2 和 T_1 时的反应速率常数。利用上式,在温度 T_2 和 T_1 时的速率常数 k_2 和 k_1 已知的情况下,可求得反应的活化能 E_a。或已知 E_a 和 T_2 时的 k_2,求出任一温度 T_1 下的 k_1。

本次实验研究的化学反应为

$$2H^+ + 2I^- + H_2O_2 \Longrightarrow 2H_2O + I_2 \tag{2-16-5}$$

在酸性的 KI 溶液中加入一定量淀粉溶液和 $Na_2S_2O_3$ 标准溶液,然后一次加入一定量的 H_2O_2 溶液。在溶液中进行的反应机制为

$$I^- + H_2O_2 \Longrightarrow IO^- + H_2O(慢) \tag{2-16-6}$$

$$2H^+ + I^- + IO^- \Longrightarrow I_2 + H_2O(快) \tag{2-16-7}$$

$$I_2 + 2S_2O_3^{2-} \Longrightarrow 2I^- + S_4O_6^{2-}(快) \tag{2-16-8}$$

当上述反应体系中的 $Na_2S_2O_3$ 未消耗完时,溶液是无色的。当溶液中

的 $Na_2S_2O_3$ 一经消耗完毕,反应式(2-16-7)所产生的 I_2 即与溶液中的淀粉作用使溶液变蓝。此时,若再加入一定量的 $Na_2S_2O_3$ 溶液又变成无色,记录各次蓝色出现的时间,即可得到此时溶液中 H_2O_2 的浓度。

反应式(2-16-6)为速控步骤,故反应速率方程可表示为

$$-\frac{dc_{H_2O_2}}{dt} = k' c_{H_2O_2} c_{I^-} \qquad (2-16-9)$$

随着上述反应的进行,I^- 不断再生。当溶液的体积不变时,c_{I^-} 可视为常数。令 $k = k' c_{I^-}$,则

$$-\frac{dc_{H_2O_2}}{dt} = k c_{H_2O_2} \qquad (2-16-10)$$

对式(2-16-10)积分可得

$$\ln \frac{c_0}{c_t} = kt \qquad (2-16-11)$$

式中:c_0 为 H_2O_2 在时间 $t=0$ 时的浓度,可用化学分析法测出;c_t 为 H_2O_2 在时间 t 时的浓度,可通过记录各次蓝色出现的时间求得。

以 $\ln \dfrac{c_0}{c_t}$ 对 t 作图,若得到直线,即可验证上述机制。

三、仪器和试剂

1. 仪器　恒温水浴槽,温度计,500 mL 容量瓶,150 mL 锥形瓶,25 mL 酸式滴定管,10 mL 量筒,1000 mL 烧杯,1 mL 和 25 mL 移液管,秒表。

2. 试剂　0.4 mol/L KI 溶液,3 mol/L H_2SO_4 溶液,0.2% H_2O_2 溶液,0.05 mol/L $Na_2S_2O_3$ 溶液,0.02 mol/L $KMnO_4$ 标准溶液,1%淀粉溶液。

四、实验步骤

(1) 实验中,两次测量温差最好保持在 10℃ 左右,一次可在室温下进行,另一次则在较室温略高 10℃ 的恒温槽中进行。如果室温已经过高,另一

次较高温度的实验会因速率过快而造成操作上的困难,此时可通过适当减少 KI 溶液的加入量、减小 H_2O_2 浓度或 H_2O_2 加入量来减小反应速率,也可通过冰水浴降低反应温度来减小反应速率。

(2)将 50 mL 的 0.4 mol/L KI 溶液加入 500 mL 容量瓶中,稀释至约为其体积 2/3,加入 20 mL 的 3 mol/L H_2SO_4 及 5 mL 淀粉溶液,再用蒸馏水稀释至刻度,振荡混合均匀。如果 KI 溶液中有游离 I_2 而使淀粉变蓝,则可在稀释前滴加几滴 $Na_2S_2O_3$ 溶液以消去蓝色。

(3)然后,将容量瓶中的溶液倾注入 1 000 mL 烧杯内,置于恒温水槽中(如图 2-22 所示),并持续搅拌反应液。

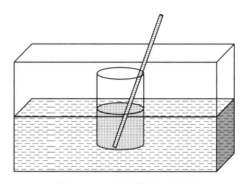

图 2-22 实验装置示意图

(4)注意反应液待溶液温度与恒温槽温度相差不到 1℃时,在溶液内精确移入 1 mL 0.1 mol/L $Na_2S_2O_3$ 溶液,记下溶液温度,立即加入 25 mL 0.2% H_2O_2 溶液。当溶液出现蓝色时,开动秒表,同时移入 1 mL $Na_2S_2O_3$ 溶液。此后,每当蓝色出现时,按下秒表的暂停键,同时精确加入 1 mL $Na_2S_2O_3$ 溶液,准确记录每次蓝色出现的时间。当加入 $Na_2S_2O_3$ 溶液的总量达到 10 mL 时,停止实验。

(5)后续实验中,使水浴温度保持与前次实验相差约 10℃左右,恒温下重复上述实验。

(6)H_2O_2 溶液浓度实验前需用 $KMnO_4$ 溶液标定。用移液管准确移取 25 mL 的 H_2O_2 溶液于 150 mL 锥形瓶中,加 10 mL 3 mol/L H_2SO_4 溶液,用 0.02 mol/L $KMnO_4$ 标准溶液滴定至显浅红色为止。

五、数据记录和处理

(1) 将实验数据和结果记录在表 2 - 16 中。

表 2 - 16   记录实验数据和结果

室温:_____℃;大气压:_____kPa;$c_{H_2O_2}$:_____mol/L;$c_{Na_2S_2O_3}$:_____mol/L

$V_{Na_2S_2O_3}$		T_1_____℃		T_2_____℃	
每次/mL	累计/mL	t/s	$\ln(c_0/c_t)$	t/s	$\ln(c_0/c_t)$

(2) 若设 25 mL H_2O_2 溶液相当于 $Na_2S_2O_3$ 标准溶液的毫升数为 X,则有

$$c_t = \frac{(X - V_{Na_2S_2O_3}) \cdot \frac{1}{2} c_{Na_2S_2O_3}}{V + V_{Na_2S_2O_3}} \tag{2-16-12}$$

$$c_0 = \frac{(X - 1) \cdot \frac{1}{2} c_{Na_2S_2O_3}}{V + 1} \tag{2-16-13}$$

$$\frac{c_0}{c_t} = \frac{X - 1}{V + 1} \cdot \frac{V + V_{Na_2S_2O_3}}{X - V_{Na_2S_2O_3}} \tag{2-16-14}$$

式中:$V_{Na_2S_2O_3}$ 为时间 t 时已加入的 $Na_2S_2O_3$ 标准溶液总毫升数;$V + V_{Na_2S_2O_3}$ 为溶液在 t 时刻的总体积;$c_{Na_2S_2O_3}$ 为 $Na_2S_2O_3$ 溶液的摩尔浓度(mol/L)。

其中,$V = 500 + 25 = 525$ mL(假定了溶液体积具有加和性)。c_0 不一定是消耗了 1 mL $Na_2S_2O_3$ 溶液后的 H_2O_2 浓度。如果操作中未来得及计时,可在继续加入 2、3… mL 的 $Na_2S_2O_3$ 后作为 c_0,但这时计算 c_0 的式(2 - 16 - 14)中的 1 mL 相应地改为 2 mL、3 mL…。

(3) 根据式(2 - 16 - 11),以 $\ln(c_0/c_t)$ 为纵坐标,t 为横坐标作图,根据

直线的斜率,求出速率常数 k_1 和 k_2,代入式(2-16-4)计算反应的活化能 E_a。

六、思考题

(1) 实验中,为什么每当溶液出现蓝色时,需立即加入 Na_2SO_3 溶液?

(2) 在什么条件下才可将本实验中的反应当成一级反应来处理?

(3) 本实验中,KI 溶液的加入量的多少对反应速率是否有影响? 为什么?

七、药学应用

化学反应速率理论在药物稳定性预测和作用机制的研究中有着广泛的应用,通过化学反应速率常数和活化能的测定可以预测药物的体内代谢机制以及药物的稳定性和保质期。化学反应速率常数和活化能是药物合成中抑制副反应的依据,还是选择温度等反应条件的依据。通过反应速率常数和活化能的测定,还可研究阿魏酸光致异构化的规律和作用机制,理解其以溶液状态存在的不稳定的原因,从而进一步改进其在抗肿瘤、抗肝纤维化及治疗心、脑血管疾病的作用。

实验 17 ｜ "碘钟"反应

一、实验目的

(1) 了解"碘钟"反应。

(2) 探讨过硫酸根与碘离子的反应速率常数、反应级数和反应活化能的测定原理和方法。

(3) 探究化学反应速率理论的药学应用。

二、实验原理

过硫酸根与碘离子间发生的氧化还原反应为

$$S_2O_8^{2-} + 2I^- \longrightarrow 2SO_4^{2-} + I_2 \qquad (2-17-1)$$

若在反应体系内事先加入少量 $Na_2S_2O_3$ 标准溶液和淀粉指示剂,则式(2-17-1)产生的碘会很快被还原为碘离子,反应为

$$S_2O_3^{2-} + I_2 \longrightarrow 2I^- + S_4O_6^{2-} \qquad (2-17-2)$$

反应直到 $S_2O_3^{2-}$ 消耗完,然后游离碘遇上淀粉即显示蓝色。从反应开始到蓝色出现所经历的时间可测定反应初始速率。由于这一反应能自身显示反应进程,故常称为"碘钟"反应。

1. 反应级数和速率常数的测定　当溶液的温度和离子强度一定时,式(2-17-1)的速率方程可写成

$$-\frac{dc_{S_2O_8^{2-}}}{dt} = k(c_{S_2O_8^{2-}})^m \cdot (c_{I^-})^n \qquad (2-17-3)$$

在反应级数测定中,测定反应初速法能避免反应产物干扰,求得反应物的真实级数。如果选择一系列初始条件,测出对应于析出碘量为 Δc_{I_2} 的蓝色出现时间 t,则反应的起始速率为

$$-\frac{dI_2}{dt} = \frac{dc_{S_2O_8^{2-}}}{dt} = k(c_{S_2O_8^{2-}})^m \cdot (c_{I^-})^n = \frac{\Delta c_{I_2}}{t} \qquad (2-17-4)$$

设各初始条件下每次加的硫代硫酸钠量不变,即 Δc_{I_2} 为常数,则有

$$\frac{dc_{S_2O_8^{2-}}}{dt} = \frac{常数}{t} \qquad (2-17-5)$$

将式(2-17-5)代入式(2-17-3)并取对数,则

$$\ln\frac{1}{t} = \ln k + m\ln c_{S_2O_8^{2-}} + n\ln c_{I^-} - 常数 \qquad (2-17-6)$$

如果 c_{I^-} 不变,以 $\ln\dfrac{1}{t}$ 对 $\ln c_{S_2O_8^{2-}}$ 作图,从所得直线斜率可求得 m;若保持 $c_{S_2O_8^{2-}}$ 不变,以 $\ln\dfrac{1}{t}$ 对 c_{I^-} 作图,可求得 n。再根据式(2-17-3)和(2-17-4),可求得反应速率常数 k。

2. 反应活化能 E_a 的测定 根据阿伦尼乌斯方程 $\ln k = \ln A - \dfrac{E_a}{RT}$,假设在实验温度范围活化能 E_a 不随温度改变,测得不同温度下的速率常数 k,以 $\ln k$ 对 $1/T$ 作图,从所得直线的斜率可计算活化能 E_a。溶液中的离子反应与离子强度有关。因此,实验时需在溶液中维持一定的电解质浓度,以保持离子强度不变。

三、仪器和试剂

1. 仪器 混合反应器(见图 2-23),5 mL 移液管,10 mL 刻度移液管,秒表。

2. 试剂 0.1 mol/L 的 $(NH_4)_2S_2O_8$(或 $K_2S_2O_8$)溶液,0.1 mol/L 的 $(NH_4)_2SO_4$(或 K_2SO_4)溶液,0.1 mol/L KI 溶液,0.005 mol/L $Na_2S_2O_3$ 溶液,0.5%淀粉溶液。

四、实验步骤

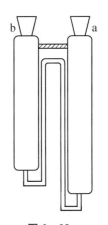

图 2-23
混合反应器

(1) 按照表 2-17 所列数据将 $(NH_4)_2S_2O_8$ 溶液及 $(NH_4)_2SO_4$ 溶液放入图 2-23 混合反应器 a 池,并加入 2 mL 0.5%淀粉指示剂;将 KI 溶液及 $Na_2S_2O_3$ 溶液加入 b 池。在 25℃恒温 10 min 后,用洗耳球将 b 池中溶液迅速压入 a 池,当溶液压入一半时即开始计时,并来回吸压一次使溶液混合均匀。当观察蓝色出现时停止计时。

用相同方法进行其他组溶液的实验,每次加淀粉指示剂均为 2 mL。

表 2-17 "碘钟"反应中各溶液体积

编号	$(NH_4)_2S_2O_8$ 溶液/mL	$(NH_4)_2SO_4$ 溶液/mL	KI 溶液/mL	$Na_2S_2O_3$ 溶液/mL
1	10	6	4	5
2	10	4	6	5
3	10	2	8	5
4	10	0	10	5
5	8	2	10	5
6	6	4	10	5
7	4	6	10	5

(2) 取实验编号 4 的溶液作 30℃、35℃、40℃的实验,测定不同温度时的速率常数 k。

五、数据处理

(1) 请根据实验编号 1、2、3、4 的数据,以 $\ln\dfrac{1}{t}$ 对 $\ln c_{I^-}$ 作图,从所得直线斜率求 n;取实验编号 4、5、6、7 的数据,以 $\ln\dfrac{1}{t}$ 对 $\ln c_{S_2O_8^{2-}}$ 作图,从所得直线斜率求 m。

(2) 请根据实验所得数据按式(2-17-3)和(2-17-4)计算反应速率常数,用作图法求反应活化能 E_a。

六、思考题

(1) 用反应初速法测定动力学参数有何优点?

(2) 本实验是否符合保持其中一种反应物浓度不变的条件?

(3) 溶液中离子强度为何影响反应速率?

(4) 活化能与温度有无关系? 活化能大小与反应速率有何关系?

实验 18 │ 过氧化氢分解反应速率常数的测定

一、实验目的

（1）熟悉一级反应的特点。

（2）了解反应物浓度、催化剂及温度等因素对反应速率的影响。

（3）用量气法测定过氧化氢（H_2O_2）催化分解反应的速率常数、半衰期和活化能。

（4）了解化学反应速率理论和催化剂的药学应用。

二、实验原理

大量实验表明，化学反应速率取决于反应物浓度、温度、催化剂、反应压力、光线、传质及搅拌速率等因素。凡是反应速率与反应物浓度的一次方成正比的反应均称为一级反应。实验证明，H_2O_2 分解应为一级反应。当没有催化剂存在时，分解反应进行得很慢。当加入催化剂则能促进其快速分解。许多催化剂，如 MnO_2、$FeCl_3$、Ag、KI、Pt 及光照作用都能大大加速此反应。本实验以 KI 为例，研究催化剂存在的条件下，H_2O_2 分解反应的动力学原理。

H_2O_2 分解反应的化学反应方程式为

$$H_2O_2 \longrightarrow H_2O + \frac{1}{2}O_2 \qquad (2-18-1)$$

当以 KI 作催化剂时，H_2O_2 分解反应机制为

$$H_2O_2 + KI \longrightarrow KIO + H_2O(慢) \qquad (2-18-2)$$

$$2KIO \longrightarrow 2KI + \frac{1}{2}O_2(快) \qquad (2-18-3)$$

由于反应(2-18-2)的速率远慢于反应(2-18-3),反应(2-18-2)为整个反应速率的决速步骤,总反应速率近似等于该步骤的反应速率。故总反应速率方程为

$$-\frac{dc_{H_2O_2}}{dt} = k'c_{H_2O_2}c_{KI} \qquad (2-18-4)$$

在整个反应过程中,催化剂KI经反应(2-18-2)和(2-18-3)的循环不断再生,其浓度保持不变,因此式(2-18-4)可简化为

$$-\frac{dc_{H_2O_2}}{dt} = kc_{H_2O_2} \qquad (2-18-5)$$

将上式积分得

$$\ln \frac{c_{H_2O_2}}{c_{o,H_2O_2}} = -kt \qquad (2-18-6)$$

式中:$c_{H_2O_2}$ 为 t 时刻 H_2O_2 的浓度,c_{o,H_2O_2} 为 H_2O_2 的初始浓度,k 为反应的速率常数。

在 KI 催化 H_2O_2 分解过程中,t 时刻 H_2O_2 的浓度,可以通过测量在相应时间内分解放出氧气的体积得出。因为分解过程中,反应放出氧气的体积在一定温度压力时,与分解的 H_2O_2 物质的量成正比。如果以 V_∞ 表示 H_2O_2 全部分解放出氧气的体积,V_t 表示 H_2O_2 在 t 时刻分解放出氧气的体积,则 $c_{o,H_2O_2} \propto V_\infty$,而 $c_{H_2O_2} \propto (V_\infty - V_t)$,代入(2-18-6)式得

$$\ln \frac{c_{H_2O_2}}{c_{o,H_2O_2}} = \ln \frac{(V_\infty - V_t)}{V_\infty} = -kt \qquad (2-18-7)$$

$$\ln(V_\infty - V_t) = -kt + \ln V_\infty \qquad (2-18-8)$$

于是,根据式(2-18-8),测定一系列不同时刻 H_2O_2 的 V_t 及 V_∞,并以 $\ln(V_\infty - V_t)$ 对 t 作图,由直线的斜率便可以求得反应的速率常数 k。

V_∞ 可由实验所用的初始浓度及体积计算得出。在酸性溶液中,可用 $KMnO_4$ 标准溶液检测所用 H_2O_2 的初始浓度,反应方程式如下

$$5H_2O_2 + 2KMnO_4 + 3H_2SO_4 \longrightarrow 2MnSO_4 + K_2SO_4 + 8H_2O + 5O_2$$

$$(2-18-9)$$

设反应所用 H_2O_2 的初始浓度为 $c'_{H_2O_2}$，滴定反应所取用 H_2O_2 溶液的体积为 $V'_{H_2O_2}$，则

$$c'_{H_2O_2} = \frac{5c_{KMnO_4} V_{KMnO_4}}{2V'_{H_2O_2}} \qquad (2-18-10)$$

式中：V_{KMnO_4} 为滴定用 $KMnO_4$ 溶液的体积（mL），$V'_{H_2O_2}$ 为滴定时取样的体积（mL）。

由化学反应方程式（2-18-1）可知，1 mol H_2O_2 分解能放出 0.5 mol O_2，根据理想气体状态方程可得 V_∞ 的计算公式如下

$$V_\infty = \frac{5c_{KMnO_4} V_{KMnO_4}}{4V'_{H_2O_2}} V_{H_2O_2} \frac{RT}{p} \qquad (2-18-11)$$

式（2-18-11）中，$V_{H_2O_2}$ 为分解反应所用 H_2O_2 溶液的体积（mL），p 为氧的分压，即大气压减去实验温度下水的饱和蒸气压（kPa），T 为热力学温标（K），R 为理想气体常数。

根据阿伦尼乌斯方程则有

$$\ln \frac{k_2}{k_1} = \frac{E_a(T_2 - T_1)}{RT_2 T_1} \qquad (2-18-12)$$

通过测定两个或多个不同温度下的速率常数，根据式（2-18-12）可计算反应的活化能 E_a。

三、仪器和试剂

1. **仪器**　分解速率测定装置 1 套，250 mL 锥形瓶 3 只，10 mL 和 50 mL 移液管各 2 只。

2. **试剂**　$KMnO_4$ 标准溶液（0.04 mol/L，已准确标定），2% H_2O_2 溶液，0.1 mol/L KI 溶液，3 mol/L H_2SO_4 溶液。

四、实验步骤

1. **安装实验仪器**　按图 2-24 所示实验装置示意图组装仪器。

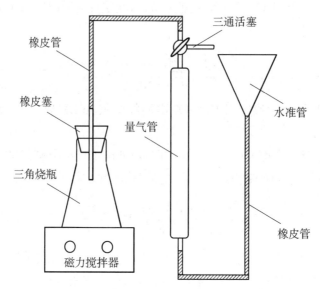

图 2‑24　过氧化氢分解反应速率测定装置示意图

2. 排气和检漏　用橡皮导管将水准管及量气管接通,在量气管和水准管中装入适量水,塞紧塞子,上下移动水准管,使连接管内混入的空气排尽。然后将水准管下移,观察量气管内的液面是否下移,1~2 min 后液面不移动,说明系统不漏气,反之,则需要系统漏气原因并排除。

3. V_t 的测定

(1) 于 250 mL 锥形瓶内用移液管加入 2% 的 H_2O_2 溶液 10 mL,放入磁力搅拌子,移取 10 mL 的 0.1 mol/L KI 溶液注入锥形瓶中,立即塞紧连有导管的塞子并读取量气管最初液面高度,同时开始计时。每隔 1 min 读取量气管数据 1 次,连续读 18~20 组数据,并记录反应温度。

(2) 改变反应温度,重复步骤 1,测得另一温度下的数据(图 2‑18)。

表 2‑18　V_t 的测定

t/min	V_t/mL	$\ln(V_\infty - V_t) = -kt$

4. **测定溶液的初始浓度** 于 250 mL 锥形瓶中依次加入 5 mL H_2O_2 溶液和 10 mL 3 mol/L H_2SO_4 溶液,用 0.04 mol/L $KMnO_4$ 标准溶液滴定至淡粉红色,读取消耗 $KMnO_4$ 标准溶液的体积。重复 2 次,取 3 次测定的平均值。

五、注意事项

(1) 在实验进行中,反应系统须与外界隔绝,以避免氧气逸出。

(2) 量气管读数时,一定要使水准管和量气管内液面保持在同一水平面。

(3) 每次测量应调节合适的搅拌速率,且搅拌速率应保持恒定。

(4) 用 $KMnO_4$ 标准溶液滴定,终点为淡粉红色,且能保持 30s 不褪色,勿过量。

(5) 本实验所用 H_2O_2 溶液应现配现用。

六、数据记录和处理

1. 数据记录
室温:_____℃;大气压:_____kPa;反应温度:_____℃;查出 t 时刻 H_2O 分压 p_{H_2O}。

2. 数据处理
(1) 计算 H_2O_2 溶液的初始浓度及 V_∞。

(2) 请作 $\ln(V_\infty - V_t) \sim t$ 图。由直线的斜率求反应速率常数 k,并计算半衰期 $t_{\frac{1}{2}}$ 及活化能 E_a。

七、思考题

(1) 用 V_∞ 数据可计算 H_2O_2 的初始浓度 c_0,如用 $KMnO_4$ 溶液滴定 H_2O_2 溶液,求得 H_2O_2 的初始浓度 c_0,再由 c_0 计算。是否可以?

(2) 实验中,读取氧气体积时,量气管及水准管中的水面处于同一水平面的作用是什么?

(3) 请问 H_2O_2 和 KI 的初始浓度对实验结果是否有影响? 应根据什么条件进行选择?

八、药学应用

化学动力学在药学中具有重要应用,药物代谢动力学研究、药物稳定实验、药物的水解、氧化、光降解、药物合成副反应的控制等均是以化学动力学有关理论为基础的。通过本实验可知反应物浓度、催化剂、温度等因素对反应速率有显著影响。采用量气法测定过氧化氢催化分解反应的速率常数、半衰期和活化能,对临床常用的消毒剂过氧化氢溶液的分解进行研究,可为保存和使用过氧化氢溶液提供指导。

实验 19 │ 最大泡压法测定液体表面张力

一、实验目的

(1) 掌握溶液表面吸附的概念和特点,了解表面张力和吸附之间的关系。

(2) 掌握利用最大气泡压力法测定溶液表面张力的原理和技术方法。

(3) 掌握根据吉布斯公式计算溶液表面吸附量,绘制吸附等温线。

(4) 了解表面张力的药学应用。

二、实验原理

表面现象是物质不同相的界面趋于收缩而产生的一种现象,是表面张力的各种体现。对于药学专业,表面物理化学具有十分广泛的应用。从药物的合成、提取、分离、分析、制剂、给药、递药等都涉及到不断层次的表面物理化学问题。

1. **表面张力等温式**　一定温度下,溶剂的表面张力 σ_0 一定,加入溶质改变表面分子间作用力导致溶液表面张力 σ 改变,溶液的表面张力与溶质的种类和浓度有关。在一定温度下,溶液表面张力与浓度的关系曲线,称表面张力等温线。如图 2 - 25 所示,主要分为 I 型、II 型和 III 型 3 种类型。对于酸、碱、盐、多羟基化合物等溶液的表面张力等温线为 I 型,随溶质浓度上升,分子之间作用力随溶质浓度上升而上升,导致溶液的表面张力上升。对于低分子醇、醛、羧酸、酯、胺等有机物为溶质的溶液的表面张力等温线为 II 型,分子之间作用力随溶质浓度上升下降,导致溶液的表面张力下降。对于长链脂肪酸碱的盐、长链烷基苯磺酸盐等表面活性剂溶液的表面张力等温线为 III 型,分子之间作用力随溶质浓度上升而快速下降,导致溶液的表面张力显著下降。

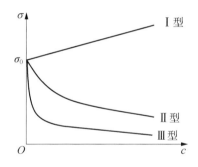

图 2 - 25　表面张力等温线

若用数学方程式表示表面张力与溶液浓度之间的关系,则称作表面张力等温式。用吸附平衡法可导出溶液表面张力等温式,即

$$\sigma = \left(1 - \frac{ac}{1 + bc}\right) \qquad (2 - 19 - 1)$$

式中:c 为溶液浓度,a 和 b 为常数。该式对小分子醇类、羧酸类、酚类(图 2 - 25 中的 II 型曲线)溶液有很好的拟合度。将该式作线性转换,可得

$$\frac{\sigma_0 c}{\sigma_0 - \sigma} = \frac{b}{c}c + \frac{1}{a} \qquad (2 - 19 - 2)$$

2. 吉布斯吸附公式　通常,溶质在溶液中的分散是不均匀的,溶质在液体表面层中的浓度和液体内部不同,这种现象称作表面吸附现象。对于两组分非电解质稀溶液,在指定温度与压力下,溶质的吸附量与溶液浓度的关系曲线称表面吸附等温线(图2-26),两者的数学关系服从吉布斯吸附等温式

$$\Gamma = \frac{-c}{RT}\left(\frac{\mathrm{d}\sigma}{\mathrm{d}c}\right)_T \tag{2-19-3}$$

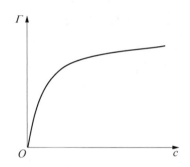

图 2-26　表面吸附等温线(正吸附)

式(2-19-3)中:Γ 为溶质在单位面积表面层中的吸附量,c 为溶液的浓度,T 为热力学温度;σ 为溶液的表面张力,$\dfrac{\mathrm{d}\sigma}{\mathrm{d}c}$ 称作表面活度。若 $\dfrac{\mathrm{d}\sigma}{\mathrm{d}c} < 0$,溶液的表面张力将随溶质浓度的升高而降低,故 $\Gamma > 0$,溶质在液体表面产生正吸附。这类能降低水的表面张力的物质称为表面活性物质。若 $\dfrac{\mathrm{d}\sigma}{\mathrm{d}c} > 0$,溶液的表面张力将随溶质浓度的升高而升高,故 $\Gamma > 0$,溶质在液体表面产生负吸附。这类能升高水的表面张力的物质称为表面惰性物质。

对于式(2-19-1),其相应的吸附等温式为

$$\Gamma = -\frac{c}{RT} \cdot \frac{\mathrm{d}\sigma}{\mathrm{d}c} = -\frac{c}{RT} \cdot \left(-\frac{\sigma_0 a}{(1+bc)^2}\right) = \frac{\sigma_0 a}{RT} \cdot \frac{c}{(1+bc)^2}$$

$$\tag{2-19-4}$$

3. 最大气泡压力法测定表面张力原理　测定表面张力的仪器装置如图2-27所示。

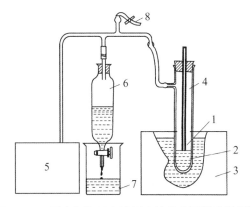

图2－27 最大气泡压力法测定液体表面张力装置图
1. 毛细管,2. 待测液体,3. 恒温水浴槽,4. 测量管,
5. 数字微压差计,6. 降压管(滴液漏斗),7. 烧杯,
8. 带夹橡皮管

按图2－27将最大气泡压力法测定液体表面张力装置各部件安装好,测定管中的毛细管端面与待测液体相切,系统与外压隔开。打开减压装置,使毛细管内溶受到的压力 $p_外$＞样品管中液面上的压力 $p_内$,在毛细管管端缓慢地逸出气泡,毛细管口形成凹液面,同时产生曲面压力($p_r＝p_外－p_内$)。将拉普拉斯公式用于球形液滴,可得

$$p_r = \frac{2\sigma}{r} \qquad (2-19-5)$$

式(2－19－5)表明,随着气泡的增大,液面的曲率半径 r 逐渐减小,p_r 逐渐增大。当半球形气泡形成时,r 等于毛细管半径 R。当气泡继续增大,r 又逐渐增大,直至泡失去平衡而从管口逸出。由式(2－19－5)可知,当 $r＝R$ 时,p_r 有最大值,故可通过测定气泡逃逸时的最大压力差来计算表面张力。p_r 由压差仪可直接读取。

在实验温度下,水的表面张力 $\sigma_水$ 可查附表7得到,用同一毛细管分别测定 $p_水$ 和 $p_{样品}$,可按下式计算样品溶液的表面张力。

$$p_{样品} = \frac{2\sigma_{样品}}{R} \qquad (2-19-6)$$

$$p_水 = \frac{2\sigma_水}{R} \qquad (2-19-7)$$

$$\sigma_{样品} = \frac{\sigma_水}{p_水} \cdot p_{样品} \qquad (2-19-8)$$

三、仪器和试剂

1. **仪器** 表面张力测定器包括测定管,减压管,精度为 1 Pa 的微压差仪,恒温水浴槽,量程为 0~100℃温度计。

2. **试剂** 乙酸、异戊醇或其他表面活性物质,NaOH 标准溶液。

四、实验步骤

(1) 用冰乙酸和蒸馏水配制乙酸水溶液,使其浓度为 0.1 mol/L、0.25 mol/L、0.50 mol/L、1.0 mol/L、1.5 mol/L、2.0 mol/L 和 3.0 mol/L,分别用标准 NaOH 溶液滴定,确定其准确浓度。

若测定异戊醇溶液的表面张力,用异戊醇和蒸馏水配制的溶液浓度别为 0.006 25 mol/L、0.012 5 mol/L、0.025 mol/L、0.05 mol/L 及 0.1 mol/L。用阿贝折射仪测定溶液的折射率,由标准曲线确定异戊醇溶液的准确浓度。

(2) 量取一定量的蒸馏水置于洗净的表面张力测定管中,插入毛细管,调节蒸馏水的量,确保液面与毛细管端部恰好接触。将测定管固定于恒温水浴槽中,保持垂直。调节恒温槽温度至需要值。将压力计调零后,与系统相连。

(3) 测定管于水浴中恒温 5~10 min 后,打开降压管活塞缓慢放水,系统逐渐减压,控制水的流速使压差计的每帕读数变化都能显示,毛细管约 1 min 出 8~12 个气泡,记录气泡逃逸时的最大压差值,连续读取 3 次,误差不超过±2 Pa,取平均值。实验中注意体系不能漏气,液体不能进入连接软管。

(4) 按同样的方法,由稀到浓测定不同浓度的乙酸(或异戊醇)溶液。每次更换溶液时,必须用待测液洗涤毛细管内壁及管壁 3 次,过程中测定管必须保持相同位置和垂直度。

(5) 实验完毕,清洗测定管,用蒸馏水冲淋后沥干待用。仪器复位,整理实验台和实验室。

五、注意事项

(1) 实验测定表面张力用的毛细管需清洗干净,否则气泡可能不能连续稳定地流过,导致压差计读数不稳定,如发生此现象,应重洗毛细管。

(2) 实验中毛细管需保持垂直,管口刚好插到与液面接触,并且需要控制气泡逸出速度。

六、数据记录和处理

(1) 按表 2-19 记录实验数据。

表 2-19 最大气泡压力法测定表面张力实验值
T:_____℃;p:_____kPa

$c/(mol/L)$	p_r/kPa	$\sigma/(N/m)$	$\Gamma/(\times 10^{-6})$

(2) 以 σ 对 c 作图,得表面张力等温线,横坐标浓度刻度从零开始。

(3) 用 Excel 软件进行数据拟合。应用 Excel 软件"规划求解"功能对式(2-19-1)进行非线性拟合,求出常数 a 和 b。注意 Excel 软件需完全安装,加载"规划求解"加载项方法为:打开 Excel 软件,通过【文件】菜单栏选择【选项】或在 Excel 软件首页右击【数据】选择【自定义功能区(R)】,在跳出的新窗口中选中【加载项】,在右边加载项中选择【分析工具库】或【分析工具库-VBA】任一项,点击下面的【转到(G)】按钮,在新窗口中选中【规划求解加载项】,点击【确定】按钮。最后,在 Excel 首页数据中就可以看到分析中的【规划求解】功能。

也可按方程(2-19-2)作线性拟合,由截距和斜率求出常数 a 和 b。

(4) 按式(2-19-4),计算不同浓度的吸附量 Γ,并作 $\Gamma \sim c$ 图,得到表观吸附等温线,对醋酸溶液,用低浓度部分($c < 1.5 \, \text{mol/L}$)进行计算。

七、思考题

(1) 本实验成败的关键是什么?如果气泡出得很快,或两三个一起出来对结果有什么影响?

(2) 表面张力测定管的清洁度对所测数据有何影响?

(3) 毛细管的端口为什么要刚好接触液面?操作过程中如将毛细管端口插入液面过深,有何影响?

八、药学应用

表面现象是物质不同相的界面趋于收缩而产生的一种现象,是表面张力的各种体现。药物的制备提取、溶剂对药材粉末的等都有表面现象存在,药物结晶的陈化也是表面现象在起作用。在药物制剂方面,乳化、湿润和混悬都要用到表面活性剂。表面现象和理论在药学中有十分广泛的应用,如药物微粒化可增加其溶解度,选择合适的溶剂可增加皮肤吸收等药物,药剂工程师可通过乳化剂制备药物乳剂和微乳剂。

九、其他测量系统

最大泡压法测定表面张力,研究体系还可为正丁醇-水和乙醇-水。其中,正丁醇-水溶液,浓度分别为 $0.02 \, \text{mol/L}$、$0.5 \, \text{mol/L}$、$0.10 \, \text{mol/L}$、$0.20 \, \text{mol/L}$、$0.25 \, \text{L mol/L}$、$0.30 \, \text{mol/L}$、$0.35 \, \text{mol/L}$ 和 $0.5 \, \text{mol/L}$。对于乙醇水溶液,浓度分别为 5%、10%、15%、20%、25%、30%、35%、40%。可用阿贝射仪测定各配制浓度溶液的折射率,然后,根据实验室给出的浓度-折射率标准曲线求得准确的溶液浓度。

实验 20 ｜ 固体在溶液中的吸附

一、实验目的

（1）掌握固体在溶液中对溶质吸附量测定的实验方法。

（2）通过固体在溶液中对溶质的吸附验证弗仑因德立希和兰格缪尔吸附等温式。

（3）采用兰格缪尔吸附等温式求算活性炭的比表面。

（4）了解固体吸附在药学中的应用。

二、实验原理

1. 固体在溶液中的吸附　固体在溶液中的吸附是最常见的吸附现象之一。固体在溶液中除了吸附溶质外，还会对溶剂进行吸附。因此，溶液吸附规律比较复杂。固体对气体的吸附，主要由固体表面与气体分子之间作用力的相互强弱来决定。而固体自溶液中的吸附，至少要考虑 3 种作用力，即在界面层上固体与溶质之间的作用力、固体与溶剂之间的作用力以及在溶液中溶质与溶剂之间的作用力。溶液中的吸附是溶质与溶剂分子争夺表面的净结果。若固体表面上的溶质浓度比溶液本体的大，就是正吸附；反之就是负吸附。

固体在溶液中的吸附速度一般比在气体中的吸附速度慢得多，这是由于吸附质分子在溶液中的扩散速度慢。在溶液中，固体表面总有一层液膜，溶质分子必须通过这层膜才能被吸附。多孔性固体会使吸附速度降得更低，往往需要更长的时间才能使溶液达到吸附平衡。活性炭、硅胶等固体吸附剂比表面大，在溶液中有较强的吸附能力，吸附情况比较复杂。它们吸附溶质的同时，还吸附溶剂，而且存在固体、溶质和溶剂三者之间相互作用。因此，在理论上的处理不如气相中对气体的吸附那样简单，吸附量要用表观

吸附量$(x/m)_{表观}$表示,即

$$\left(\frac{x}{m}\right) = \frac{V(c_0 - c)}{m} \tag{2-20-1}$$

式中:m 为吸附剂的质量,c_0 为溶液的起始浓度,c 为吸附达平衡后溶液的浓度,V 为溶液的体积;x 为吸附溶质的摩尔数。该摩尔数并非溶质覆盖在固体表面的绝对值,而是与体相比较所得摩尔数的差值,可正、可负或为零。

2. **吸附等温式** 目前,对于固体在溶液中的吸附,尚无成熟的理论推导式,一般套用固体在气相中对气体的两个吸附等温式

$$\left(\frac{x}{m}\right) = Kc^n \tag{2-20-2}$$

$$\left(\frac{x}{m}\right) = \frac{\Gamma_m bc}{1 + bc} \tag{2-20-3}$$

式(2-20-2)和式(2-20-3)分别为弗仑因德立希吸附等温式和兰格缪尔吸附等温式,相应的线性关系式为

$$\ln\left(\frac{x}{m}\right) = \ln K + n\ln c \tag{2-20-4}$$

$$\frac{c}{(x/m)_{表观}} = \frac{1}{\Gamma_m}c + \frac{1}{\Gamma_m b} \tag{2-20-5}$$

式中的 K、n、b、Γ_m 均为常数,可通过线性回归方程的截距和斜率求得。Γ_m 为饱和吸附量,其物理意义是固体表面被单分子层吸附铺满时的吸附量。由 Γ_m 可计算固体的比表面 a,计算公式为

$$a = \Gamma_m LA \tag{2-20-6}$$

式(2-20-6)中:A 为溶质分子的截面积,L 为阿伏伽德罗常数,对于包括乙酸在内的直链脂肪酸,$A = 2.3 \times 10^{-20}$ m^2。按上式测得的比表面一般比实际值小一些,因为固体表面有部分溶剂的吸附。

三、仪器和试剂

1. **仪器** 250 mL 碘量瓶,规格为 100 mL 和 150 mL 的锥形瓶,玻璃漏斗,100 mL 酸式滴定管,50 mL 碱式滴定管,10 mL 和 20 mL 移液管,精度为 0.001 g 的天平。

2. **试剂** 浓度约为 0.04 mol/L、0.08 mol/L、0.12 mol/L、0.20 mol/L、0.30 mol/L 和 0.40 mol/L 的乙酸(HAc)溶液,事先标定好准确浓度,浓度约为 0.1 mol/L 的 NaOH 标准液,酚酞指示剂,活性炭。

四、实验步骤

(1) 分别称取 6 份 1.000 g 的活性炭于 6 个编号的碘量瓶中。

(2) 分别用 100 mL 滴定管在碘量瓶中依次加入上述 6 个浓度的醋酸溶液各 100 mL。

(3) 振摇碘量瓶约 30 min,确保活性炭达到吸附平衡。

(4) 按浓度由稀到浓的顺序,分别将 6 个碘量中的溶液过滤于锥形瓶中。注意,过滤时要弃去最初一部分滤液。

(5) 对于浓度较小的 3 个样品,用移液管吸取 20 mL 滤液于 100 mL 锥形瓶中,加入酚酞指示剂,用 0.1 mol/L 的 NaOH 标准溶液滴定至终点。将消耗的 NaOH 体积除 2,折算成 10 mL 样品的消耗量。每个样品至少滴定 2 次,若 2 次滴定消耗体积差值>0.02 mL,应重新滴定。

(6) 对于浓度较大的 3 个样品,用移液管吸取 10 mL 溶液,进行同样的滴定分析。

(7) 取 10 mL 蒸馏水,作空白滴定。

(8) 清洗仪器,整理实验台。

五、数据记录和处理

(1) 请按表 2 - 20 记录实验数据。

表 2-20　溶液浓度和活性炭对醋酸溶液的吸附量

m:1.000g, c_{NaOH}:＿＿＿＿＿mol/L, T:＿＿＿℃:

$V_{样品}$:10mL, V_{HAc}:0.1L, V_0:＿＿＿mL

编号	c_0 /(mol/L)	V_{NaOH} /mL	c /(mol/L)	x/m /(mol/kg)	$\ln c$	$\ln(x/m)$	$c/(x/m)$ /(kg/L)
1							
2							
3							
4							
5							
6							

（2）请以式（2-20-7）计算平衡浓度 c，将算得的 c 代入式（2-20-1）计算不同浓度下的活性炭表观吸附量，并作活性炭对乙酸溶液的吸附等温线 $\dfrac{x}{m}$～c。

$$c = \frac{c_{NaOH}}{10}(V - V_0) \qquad (2-20-7)$$

（3）请以 $\ln\left(\dfrac{x}{m}\right)$ 对 $\ln c$ 作图和线性回归，求弗仑因德立希等温式的经验常数 K 和 n。

（4）请以 $\dfrac{c}{(x/m)_{表观}}$ 对 c 作图和线性回归，求兰格缪尔吸附等温式中的常数 b 和 Γ_m。

（5）请由 Γ_m 估算活性炭的比表面。

六、思考题

（1）实验操作中应注意哪些问题以减少误差？

（2）实验中为什么过滤活性炭时要弃去部分最初滤液？

七、药学应用

固体在溶液中的吸附作用现象和机制,在药物学领域中有着十分广泛的应用。如以活性炭为吸附剂吸附蛋白质溶液中的热原物质,研究活性炭吸附内毒素的有效程度和影响因素。以杀菌剂碘作为模型药物对交联淀粉微球的吸附性能进行究,通过改变碘溶液的浓度,调节微球的溶胀能力以及吸附时间来改变交联淀粉微球吸附碘的含量,可获得对碘具有良好吸附性能的交联淀粉微球。药物合成和药剂中一些药液的脱色也需要用到活性炭吸附。

实验 21 ｜ 电导法测定表面活性剂临界胶束浓度

一、实验原理

(1) 掌握电导法测定表面活性剂溶液的临界胶浓度的原理与方法。
(2) 掌握电导仪的使用。
(3) 了解表面活性剂在药学中的应用。

二、实验原理

在乳剂量、微乳剂和混悬剂等药物制剂过程中会大量使用表面活性剂,表面活性剂在药物制剂、药物提取、药物分析中有着十分广泛的应用。在表面活性剂水溶液中,当浓度达到一定值时,表面活性剂离子或分子发生缔合,形成胶(或称胶团)。对于某表面活性剂,其溶液开始形成胶束的浓度称为该表面活性剂的临界胶浓度(critical micelle concentration,CMC)。在中成药制剂生产工艺过程中,常用加一定量的表面活性剂的方法,以解决药物的增溶、乳化、润湿、分散、气泡消沫及有效成分的提取等问题。例如,中药注射剂的澄清度和稳定性等问题,中药片剂、栓剂和分散润湿能力,均可用在药液中加入适量的表面活性剂的方法来解决。此外,外用膏剂、洗剂、搽剂可用改变表面活性剂种类的方法来改变药物的亲水性或亲油性,以满足治疗需要。此外,一些抗癌药物乳剂,为便于吸收可加入少量非离子型表面活性剂 Tween‐80,使之形成水包油型乳剂。因此,表面活性剂种类的选择及用量的多少,直接关系到疗效和用药安全。

图 2‐28 表明浓度对表面活性剂溶液体系摩尔电导、表面张力、渗透压、增溶作用、电导率和去污能力等性质具有显著影响。这些物理化学性质在临界胶浓度附近随着胶束的形成而发生突变,故将其视为表面活性剂的一个重要特性,也是表面活性剂溶液表面活性大小的量度。在药物生产工艺设计过程中,表面活性剂的用量以形成胶束所需的最小浓度(即 CMC)作为参考依据。此外,测定 CMC、分析影响表面活性剂体系 CMC 的因素,对研究表面活性剂的物理化学性质是具有重要意义。

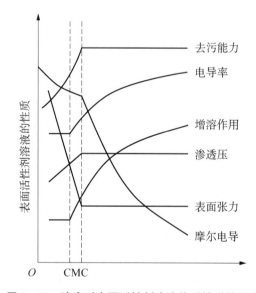

图 2‐28　浓度对表面活性剂溶液体系性质的影响

目前,测定 CMC 的物理化学方法很多,只要溶液的物理化学性质随着表面活性剂溶液浓度在 CMC 处发生突变,都可以用来测定 CMC,如蒸气压法、磁共振法、溶解度法、电导法、光散射法、表面张力法、增溶法、染料吸附法及紫外分光光度等。本实验应用电导法测定表面活性剂 CMC。

原则上,电导法仅对阳离子、阴离子和两性表面活性剂适用。对于离子型表面活性剂溶液,当溶液浓度很低时,电导的变化规律也和强电解质一样,但当溶液浓度达到 CMC 时,随着胶束的生成,电导率发生改变,摩尔电导率急剧下降,这样从电导率 κ～浓度 c 曲线或摩尔电导率 Λ_0～c 曲线上的转折点可方便地求出 CMC,这是电导法测定表面活性剂 CMC 的依据。

三、仪器和试剂

1. **仪器** DDS‐11A 型电导率仪,25 mL 容量瓶,移液管。
2. **试剂** 分析纯氯化钾,十二烷基硫酸钠(用乙醇经 2～3 次重结晶提纯),电导水。

四、实验步骤

(1) 先将 DDS‐1A 型电导率仪接好线路,通电预热 10min 准备测量,电导率仪使用方法详见实验 11。

(2) 精确配制浓度范围在 3×10^{-3}～3×10^{-2} mol/L 8～10 个不同浓度的十二烷基硫酸钠水溶液于 25 mL 容量瓶中,配制时最好用新蒸出的脱除二氧化碳的电导水。

(3) 从低浓度至高浓度依次测定表面活性剂溶液的电导率值,每次测量前电导电极需用待测溶液润洗 2～3 次。

五、数据处理

(1) 请将测得的不同浓度十二烷基硫酸钠水溶液的电导率按 $\Lambda_m = \dfrac{\kappa}{c}$ 关系式换算成相应浓度 c 时的摩尔电导率,并将所得数据列表。

(2) 请根据所列表中的数据作 κ～c 图与 Λ_m～c 图,由曲线转折点确定十二烷基硫酸钠临界胶束浓度 CMC 值。

（3）记录测定时的温度。

六、思考题

（1）表面活性剂临界胶浓度的测定在药剂学上有何意义？
（2）影响本实验测定的主要因素有哪些？
（3）本测定方法是否只适用于离子型表面活性剂？

七、药学应用

表面活性剂临界胶束浓度在药学领域具有十分重要的实际意义和研究价值，在乳剂量、微乳剂和混悬剂等药物制剂过程中会大量使用表面活性剂。在中成药制剂生产工艺过程中，常用加一定量的表面活性剂的方法，以解决药物的增溶、乳化、润湿、分散、气泡消沫及有效成分的提取等问题。在药物生产工艺设计过程中，表面活性剂的用量以形成胶束所需的最小浓度作为参考依据。

实验 22 ｜ 乳状液的制备与性质

一、实验目的

（1）掌握乳状液的制备和鉴别方法。
（2）了解乳状液的性质。
（3）了解乳状液的药学应用。

二、实验原理

通常，两种互不相溶的液体，比如水和液状石蜡，在有乳化剂存在的条件下一起振荡时,其中一个液相会被粉碎成液滴分散在另一液相中形成稳定的乳状液,称为乳化。被粉碎成的液滴称为分散相,另一相称为分散介质。乳状液总有一个液相为水溶液相,简称为水相,另一相是不溶于水的有机物,简称为油相。

油分散在水中形成的乳状液为水包油型(O/W 型)。反之,称为油包水型(W/O 型)。两种液体形成何种类型乳状液,这主要与形成乳状液时所添加的乳化剂性质有关。乳状液中分散相粒子的大小为 $1\sim50~\mu m$,用显微镜可以清楚地观察到。因此,从粒子的大小看,应属于粗分散系统,是热力学不稳定的非均相系统。乳状液具有多相和聚结不稳定等特点,也是胶体化学研究的对象。

我们在自然界、生产以及日常生活中常接触到乳状液,如牛奶、人造黄油、从油井中喷出的原油、橡胶类植物的乳浆、常见的一些杀虫用乳剂等。

乳化剂是为了形成稳定的乳状液所必须加入的第三组分的通称,其作用在于不使分散介质液滴相互聚结,许多表面活性物质可以做乳化剂,它们可以在界面上吸附,形成具有一定机械强度的界面吸附层,在分散相液滴的周围形成坚固的保护膜而稳定存在,乳化剂的这种作用称为乳化作用。通常,一价金属的脂肪酸皂,由于其亲水性大于其亲油性,界面吸附层能形成较厚的水溶剂化层,而能形成稳定的 O/W 型乳状液。而二价金属的脂肪酸皂,其亲油性大于其亲水性,界面吸附层能形成较厚的油溶剂化层,而能形成稳定的 W/O 型乳状液。O/W 型和 W/O 型乳状液外观是类似的,通常,将形成乳状液时被分散的相称为内相,而作为分散介质的相称为外相,显然内相是不连续的,而外相是连续的。

1. 鉴别乳状液类型的常用方法

(1) 稀释法:稀释法由于操作简便,是最常用的鉴别乳状液类型的方法。通常,乳状液能为其外相液体性质相同的液体所稀释。例如,牛奶能被水稀释。因此,如加 1 滴乳状液于水中,立即散开,说明乳状液的分散介质是水,故乳状液属油/水型。如不立即散开,则属于水/油型。

(2) 导电法:乳状液水相一般都含有离子,其导电能力比油相大。当水为分散介质,外相是连续的,则乳状液的导电能力大。反之,油为分散介质,水为内相,内相是不连续的,乳状液的导电能力很小。若将两个电极插入乳状液,接通直流电源,并串联电流表,则电流表指针显著偏转为 O/W 型乳状液,若电流计指针几乎不偏转,则为 W/O 型乳状液。检测装置示意图见图2-29。

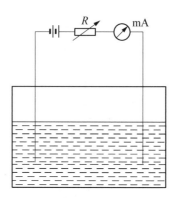

图 2-29   导电法检测乳状液类型

(3) 染色法:通常选择一种仅能溶于乳状液中分散介质或连续相中的一相的染料,加入乳状液中。如将水溶性染料亚甲蓝加入乳状液中,显微镜下观察,连续相呈蓝色,说明水是外相,乳状液是 O/W 型,如果将油溶性染料苏丹红Ⅲ加入乳状液,显微镜下观察,连续相呈红色,说明油是外相,乳状液是 W/O 型。

2. **常用的破乳方法**   乳状液是在工业和日常生活常见的两分散体系,有时必须破坏乳状液,分离其中的两相。如石油原油和橡胶类植物乳浆的脱水,牛奶中提取奶油,污水中除去油沫等都是破乳过程。破坏乳状液主要是破坏乳化剂的保护作用,最终使水油两相分层析出。破乳常用的方法介绍如下。

(1) 破乳剂:加入乳液的破乳剂通常是反型乳化剂。如对于由油酸镁作乳化剂而形成的 W/O 乳状液,加入适量的油酸钠可使乳状液破坏。因为油酸钠亲水性强,能在界面上吸附,形成较厚的水化层,与油酸镁相对抗,互相降低它们的乳化作用,使乳状液稳定性降低而破坏。但若油酸钠加入过多,则其乳化作用占优势,则 W/O 型乳状液可转相为 O/W 型乳状液。

(2) 电解质:不同电解质破乳作用不同。通常,在 O/W 型乳状液中加电解质,可减薄分散相液滴表面的水化层,降低乳状液稳定性质,如在 W/O 乳状液中加入适量 NaCl 可破乳,加入过量 NaCl 使界面吸附层的水化层比油溶剂化层更薄,则 O/W 型乳状液会转相为 W/O 型乳状液。还有些电解质与乳化剂发生化学反应,破坏其乳化能力或形成乳化剂,如在油酸钠稳定的乳状液中加盐酸,生成油酸,失去乳化能力,使乳化状液被破坏。

(3) 此外,可用不能生成牢固的保护膜的表面活性物质来替代原来的乳化剂,如异戊醇和乙醇的表面活性大,但其碳链太短,不足以形成牢固的保护膜,加入乳液可起到破乳作用。

(4) 加热:加热可破乳,升高乳液温度使乳化剂在界面上的吸附量降低,在界面上的乳化剂层减薄,降低了界面吸附层的机械强度。此外,温度升高,降低了介质的黏度,增强了布朗运动,降低了乳状液的稳定性,容易破乳。

(5) 电场作用:乳液荷电分散相通常带电,在高压电场作用下,使荷电分散相变形,彼此连接合并,使分散度下降,可造成乳状液的破坏。

三、仪器和试剂

1. **仪器**　显微镜 1 台,1 号电池 2 只,毫安表 1 只,铂电极 1 对,100 mL 具塞锥形瓶 2 只,试管 7 只,小玻璃棒只,载玻片 2 片,盖玻片 2 片。

2. **试剂**　石油醚,植物油,氢氧化钙饱和溶液,苏丹红Ⅲ,油溶液,亚甲蓝水溶液或高锰酸钾固体。

四、实验步骤

1. **乳状液的制备**　用量筒量取氢氧化钙饱和溶液 25 mL 与灭菌后的 25 mL 植物油混合,置于 100 mL 具塞锥形瓶中,加塞用力振摇,便成乳状液,也可在氢氧化钙饱和溶液中逐滴加入芝麻油,并充分搅拌至乳白色。该乳状液是一种疗效颇佳的烫伤治疗药。

2. **乳状液的类型鉴别**

(1) 稀释法:取 2 只洁净的试管,分别装和石油醚,用玻璃棒取乳状液少许,放入其中轻轻搅动,若为 O/W 型乳剂则可与水均匀混合,呈淡乳白色浑油液。若是 W/O 型乳剂,则不易分散在水中,或聚结成一团附在玻璃棒上,或成为小球状浮于水面。若为 W/O 型,现象正好相反。

(2) 导电法:取 2 只干净试管,分别加入少许乳状液,插入一对铂电极,按图 2-29 连接线路,根据电流大小鉴别乳状液的类型。或用电导仪分别测乳状液,观察其电导值,鉴别乳状液的类型。

(3) 染色法:取 1 滴乳状液,加苏丹红Ⅲ油溶液 1 滴。制片镜检,W/O 型乳状液连续相被染为红色,O/W 型乳状液分散相被染成红色。取乳状液 1 滴,加亚甲蓝水溶液 1 滴,制片镜检,则 W/O 型乳状液分散相被染为蓝色,O/W 型乳状液连续相被染为蓝色。

3. 乳状液的破坏和转相

(1) 取 2 mL 乳状液于试管中,在水浴中加热,观察现象。

(2) 取 2～3 mL 乳状液于试管中,逐滴加入饱和 NaCl 溶液,剧烈振荡,观察乳状液有无破坏和转相(判断是否转相可用稀释法)。

(3) 取 2～3 mL 乳状液于试管中,逐滴加入浓钠肥皂水(用开水泡肥皂制得),逐滴加入,剧烈振荡,观察乳状液有无破坏和转相(判断是否转相可用稀释法)。

五、数据处理

请用色笔画出在显微镜下观察到的乳状液被染色的情况,并判断该乳状液类型。

六、思考题

(1) 乳状液的稳定性主要取决于什么?

(2) 在乳状液制备中为什么要激烈振荡?

(3) 在乳状液的破坏和转相实验中,除了稀释法之外还有哪些方法可以判断是否转相?

七、药学应用

乳状液和乳化技术在药学领域具有广泛应用。药物合成中，将产物萃取出来就要防止萃取溶液乳化。乳化也是药物制剂领域制备乳剂的常用方法，W/O 型和 O/W 型乳剂在临床均有应用。很多难溶于水的液体药物，均采用乳化相制成乳剂用于人体给药，如治疗心血管疾病的薏仁油乳剂和麻醉用丙泊酚乳剂等均为乳状液。

实验 23 │ 溶胶的制备、净化与性质

一、实验目的

（1）掌握各种溶胶制备的简单方法。
（2）掌握溶胶净化的方法及作用。
（3）掌握由电泳计算胶粒移动速率及电动电位的计算方法。
（4）了解溶胶的制备和基本性质以及药学应用。

二、实验原理

分散系统一些物质被分散到另一种物质中所形成的系统，固体以胶体分散程度分散在液体介质中即得溶胶。分散相是非连续形式存在的被分散的物质，而分散介质是连续相形式存在的物质。将固体物质以胶体分散程度分散在液体中可制备固液溶胶。溶胶的是多相系统，相界面很大，具有高分散度，胶粒大小在 $1\sim100\,\mathrm{nm}$ 之间，是热力学不稳定系统，有相互聚结而降低表面积的倾向。

溶胶的制备方法可分为两类：一是分散法，把较大的物质颗粒变为胶体大小的质点；二是凝聚法，把分子或离子聚集成胶体大小的质点。本实验采

取凝聚法制备几种溶胶。$Fe(OH)_3$ 凝胶就是采用凝聚法制备的,通过加热水解 $FeCl_3$ 溶液,生成难溶于水的 $Fe(OH)_3$,在适当的条件下,过饱和的 $Fe(OH)_3$ 溶液析出小的颗粒而形成 $Fe(OH)_3$ 溶胶。

制备 $Fe(OH)_3$ 溶胶过程中溶液中少量的氯离子可以作为溶胶稳定剂离子,但太多的离子会影响溶胶的稳定性,故必须用渗析法除去。渗析通常采用半透膜。松香溶胶的制备原理为采用溶剂更换法,将乙醇松香溶液滴入水中,松香可溶于乙醇,但不溶于水,在水中松香分子聚结为小颗粒。$AgCl$ 溶胶的制备是将 $AgNO_3$ 溶液与 KI 溶液混合,刚刚生成的细小沉淀因搅拌分散来不及聚集成较大粒子,可成为溶胶。

溶胶的性质主要包括光学性质、动力学性质、表面性质和电学性质。溶胶系统属热力学不稳定系统,外加电解质时易发生凝聚,但在大分子溶液的保护下,稳定性大大加强,抗聚沉能力也就增强了。溶胶粒子的带电原因有三,即胶核的选择吸附、表面分子的电离和两相接触生电。

溶胶系统在一定外加电场的作用下,带电的胶粒会向与其电荷相反的电极方向移动,这种现象称为电泳。解释电泳现象以及电解质对胶体稳定性的影响可依据扩散双电层理论。双电层分为紧密层(即吸附层)和扩散层,胶核为固相,胶核表面上带电的离子为决定电位的离子,溶液中的部分反离子因静电引力紧密地吸附排列在定位离子附近,紧密层由决定电位的离子和这部分反离子构成,紧密层和胶核组成了胶粒,胶粒移动时紧密层随之一起运动,紧密层的外界面称为滑移界面,滑移界面以外为扩散层。在胶团中,胶核为固相,吸附层和扩散层为液相。

通常,双电层中扩散层的厚度随反离子扩散到多远而定,反离子扩散得越远,扩散层越厚。从胶核表面算起,反离子浓度由近及远逐步下降,降低到浓度等于零的地方即为扩散层的终端,此处的电位等于零。

对于胶粒表面扩散双电层模型,反离子在溶胶中的分布不仅取决于胶粒表面电荷的静电吸引,还决定于力图使反离子均匀分布的热运动。这两种相反作用达到平衡时,形成扩散双电层。从胶核表面到扩散层终端(溶液内部电中性处)的总电位称为表面电位,从滑移界面到扩散层终端的电位称为动电位或 ζ 电位。电位在该扩散层内以指数关系减小。扩散层越厚,电位也越大,溶胶越稳定。若于溶胶中加入电解质,电位将减少,当电位小于

0.03 V 时,溶胶即变得不稳定。继续加入过量电解质,电位将改变符号,溶胶变为与原来电性相反的溶胶,称为溶胶的再带电现象。随着电解质的加入,扩散层中的离子平衡被破坏,有一部分反离子进入紧密层,从而使电位发生变化。随着溶液中反离子浓度不断增加,电位逐渐下降,扩散层厚度亦相应被"压缩"变薄。当电解质增加到某一浓度时,电位降为零,称为等电点,这时溶胶的稳定性最差。继续加入电解质,则出现溶胶的再带电现象。对于某些高价反离子或异号大离子,由于吸附性能很强而大量进入上述吸附层,牢牢地贴近在固体表面,可以使电位发生明显改变,甚至反号。

ζ 电位的大小可衡量溶胶的稳定性。其计算公式为

$$\zeta = \frac{4\pi\eta\mu}{DH} \times (9 \times 10^9) = \frac{4\pi\eta Ls}{DEt} \times (9 \times 10^9) \qquad (2\text{-}23\text{-}1)$$

式(2-23-1)中,η 是介质的黏度,D 是介质的介电常数,H 为电位梯度(即 E/L,单位距离的电压降),E 为两电极间的电位差,L 为两电极间沿电泳管的距离,μ 为电泳的速率(界面移动速率),s 为 t 时间内界面移动的距离,式中各量的单位均为国际单位。

三、仪器和试剂

1. **仪器** 电泳仪 1 套,直流稳定电源 1 台,暗视野显微镜 1 台,300 W 电炉 1 只,试管架,小试管 5 只以上,250 mL 锥形瓶 1 只,250 mL 烧杯 1 只,800 mL 烧杯 1 只,250 mL 分液漏斗 1 只。

2. **试剂** 2% $FeCl_3$ 溶液,0.01 mol/L $AgNO_3$ 溶液,0.01 mo/L KI 溶液,0.1 mol/L $CuSO_4$ 溶液,1 mol/L Na_2SO_4 溶液,2 mol/L NaCl 溶液,火棉胶溶液,2% 松香乙醇溶液,0.5% 白明胶溶液,稀盐酸辅助液,KNO_3 辅助液。

四、实验步骤

1. **Fe(OH)₃ 溶胶的制备** 将 95 mL 蒸馏水加入 250 mL 烧杯,加热至沸

腾,逐滴加入 2% $FeCl_3$ 溶液 5 mL,并不断搅拌,加完后继续沸腾几分钟,由于 $FeCl_3$ 的水解反应,可得红棕色氢氧化铁溶胶。

2. **半透膜的制备**　火棉胶是纤维素经硝酸硝化而成的低氮硝化纤维素,可取乙醇与乙醚各 50 ml 混合,加 8 g 低氮硝化纤维素,溶解即得。也可采购市售的火棉胶溶液直接制备半透膜。半透膜的孔径大小与半透膜的干燥时间长短有关,时间短则膜厚而孔大,透过性强,时间长则膜薄而孔小,透过性弱。

将几毫升火棉胶溶液倒入一干燥洁净的 150 mL 锥形瓶中,小心转动锥形瓶,使之在锥形瓶上形成均匀薄层,倾出多余的火棉胶液倒回原瓶,倒置锥形瓶于铁圈上,使剩余的火棉胶液流尽,并让溶剂挥干,几分钟后,在瓶口剥开一部分膜,在此膜与瓶壁间加几毫升水,用水使膜与瓶壁分开,轻轻取出即得半透膜袋。在袋中加入少量清水,检验袋里是否有漏洞,若有漏洞,只需擦干有洞的部分,用玻璃棒少许火棉胶液补上即可。

3. **$Fe(OH)_3$ 溶胶的净化**　将制得的 $Fe(OH)_3$ 溶胶置于半透膜内,夹紧袋口,置于大烧杯内,先用自来水渗析 10 min,再换成蒸馏水渗析 5min。

4. **松香溶胶的制备**　在 1 支小试管中加几毫升水,滴 1 滴 2% 松香乙醇溶液,摇匀,即可制得松香溶胶。

5. **两种 AgI 溶胶的制备**

(1) 于 50 mL 烧杯中加 20 mL 的 0.01 mol/ L $AgNO_3$ 溶液,不断搅拌下,缓慢滴入 16 mL 的 0.01 mol/L KI 溶液,制得溶胶 A。

(2) 于 50 mL 烧杯中加 20 mL 的 0.01 mol/L KI 溶液,不断搅拌下,缓慢滴入 16 mL 的 0.01 mo/L $AgNO_3$ 溶液,制得溶胶 B。

6. **溶胶的性质**

(1) 光学性质:溶胶具有丁达尔现象,可在暗室中将 $CuSO_4$ 溶液、$Fe(OH)_3$ 溶胶、松香溶胶、AgI 溶胶、水等放入标本缸中,用聚光灯照射,从侧面观察乳光强度大小,并进行比较,区别溶胶与溶液。

(2) 溶胶的动力学性质:将以上制得的乙醇松香溶胶蘸一滴在载玻片上,加一盖玻片,放在暗视野显微镜下,调节聚光器,直到能看到胶体粒子的无规则运动,即布朗运动。

(3) 电学性质:将一 U 形电泳管洗净,加几毫升 KNO_3 辅助液调至活塞内无空气,从小漏斗中缓慢加入 AgI 溶胶 A,不可过快,否则界面易冲坏,等界面升到所需刻度,插上铂电极,通直流电(40 V)后,观察界面移动方向,判断溶胶带什么电荷。同法观察 AgI 溶胶 B。

7. 溶胶的凝聚与大分子溶液的保护作用

(1) 凝聚:在两只小试管中分别加入约 2 mL 的 $Fe(OH)_3$ 溶胶,分别滴加 NaCl 和 Na_2S 溶液,比较观察产生凝聚现象时电解质溶液的用量。

(2) 大分子溶液的保护作用:取 3 只干燥洁净的小试管,各加入 1 mL $Fe(OH)_3$ 溶胶,分别加入 0.01 mL、0.1 mL 及 1.0 mL 0.5%白明胶液,然后加蒸馏水使 3 管总量相等。各再加 1 mL 的 2 mol/L NaCl 溶液,观察哪一管发生凝聚,如在最前的两只试管内有凝聚现象时,则表示保护作用发生在 0.1 mL~0.0 mL,为了更准确地测定,应当再用 0.2 mL、0.5 mL 及 0.7 mL 白明胶再进行试验,以此类推,最后能确定产生保护作用的明胶浓度范围。

8. 电泳速率与 ζ 电位的测定

取一洗净干燥的 U 形电泳管,加稀盐酸辅助液调至电泳管分叉处,调整活塞内至无气泡,利用作为高位槽的分液漏斗从 U 形电泳管下部加入氢氧化铁溶胶,小心开启活塞,让氢氧化铁缓慢上涌,不可太快,否则界面易被冲坏,直到界面升至 U 形管分叉处,可再将界面上升速率调快些,等界面升到所需刻度,关上活塞,插上铂电极,画上划线,通 15 V 直流电后记录时间,实验中注意观察两极有何现象,思考两极各发生什么反应。待溶胶和稀盐酸界面上升(或下降)1 cm 后,记录时间,关闭电源。准确测量两电极间溶胶和稀盐酸界面沿电泳管的距离 L,计算电位。

五、数据记录和处理

(1) 请记录 $CuSO_4$ 溶液、$Fe(OH)_3$ 溶胶、松香溶胶、AgI 溶胶、水的光学性质实验结果,并判断何者为溶胶。

(2) 请记录两种 AgI 溶胶的电泳方向,并判断胶体粒子带何种电荷。

(3) 请记录在大分子溶液对 $Fe(OH)_3$ 溶胶进行保护时破坏 $Fe(OH)_3$ 溶胶须加入的 NaCl 溶液体积数,并确定保护作用是在哪一浓度区间发生的。

(4) 请记录 $Fe(OH)_3$ 溶胶电泳时的电位差、时间、电泳距离及两极间距离,计算电泳速率,并由计算电位。

六、思考题

(1) Fe(OH)₃溶胶电泳时两电极分别发生什么反应? 试用电极反应方程式表示。

(2) 制得的溶胶为什么要净化? 加速渗析可以采取什么措施?

(3) 溶胶的制备可以有哪些方法,原理何在?

(4) 本实验成败的关键是什么?

七、药学应用

胶体化学基本原理已广泛用于医药、化学、食品及环境等领域。胶体溶液在药剂学领域应用甚广,溶胶剂、混悬剂、胶束和囊泡制剂、脂质体制剂、乳液、纳米微粒制剂等均为溶胶制剂,其制备、表面性质、动力学性质、光学性质、电学性质和稳定性等均是胶体化学基本理论和方法的直接应用,目前常见的雾化给药也是气溶胶给药递药体系,均属于胶体分散药物制剂范畴。

实验 24 │ 黏度法测定大分子的平均相对分子质量

一、实验目的

(1) 掌握黏度法测定大分子物质平均相对分子质量的原理和方法。

(2) 掌握乌氏黏度计的原理和使用方法。

(3) 了解黏度测定在药学中的应用。

二、实验原理

黏度是指流体对流动所表现的阻力。当气体、液体等流体流动时，一部分在另一部分上面流动时，就会受到阻力，这是流体的内摩擦力。要使流体流动就需在流体流动方向上加一切线力以对抗阻力作用。黏性液体在流动时，必须克服内摩擦阻力而做功，其所受阻力的大小可用黏度系数 η（简称黏度）来表示，单位为 $kg \cdot m^{-1} \cdot s^{-1}$。

大分子化合物溶液最主要的特点之一是黏度特别大，原因在于其分子链长度远大于溶剂分子，加上溶剂化作用，是其在流动时收到较大的内摩擦阻力。黏度法目前应用最广泛的测定大分子平均相对分子质量的方法。大分子稀溶液的黏度反映了液体在流动时存在着的内摩擦。常用的黏度表示方法及物理意义见表 2-21。

表 2-21 常用黏度的表示方法及物理意义

名称和符号	定义式	物理意义
溶剂黏度 η_0	/	溶剂分子间的内摩擦表现出来的黏度
溶液黏度 η	/	溶剂分子间、大分子间和大分子与溶剂分子间三者内摩擦的综合表现
相对黏度 η_r	$\eta_r = \dfrac{\eta}{\eta_0}$	溶液黏度与溶剂黏度的比值
增比黏度 η_{sp}	$\eta_{sp} = \dfrac{\eta}{\eta_0} - 1$	溶液黏度比溶剂黏度增加的相对值
比浓黏度 η_c	$\eta_c = \dfrac{\eta_{sp}}{c}$	单位浓度下所显示出的黏度
比浓对数黏度 $\dfrac{\ln \eta_r}{c}$	$\dfrac{\ln \eta_r}{c}$	单位浓度下所显示出的相对黏度
特性黏度 $[\eta]$	$[\eta] = \lim\limits_{c \to 0} \dfrac{\eta_{sp}}{c}$	无限稀溶液中大分子与溶剂分子之间的内摩擦

通常，大分子物质的相对分子量越大，其与溶剂间的接触表面也越大，内摩擦力也越高，表现出的特性黏度也就越大。特性黏度 $[\eta]$ 和大分子的相对分子质量 M 间的经验关系式为

$$[\eta] = KM_\eta^\alpha \tag{2-24-1}$$

式(2-24-1)中 M_η 为粘均分子质量，K 和 α 是与温度以及大分子化合物和溶剂性质有关的常数。α 还与大分子化合物分子形状和大小有关，其数值一般为 0.5～1。K 与 α 的数值可通过渗透压或光散射等方法求得。通过测定大分子溶液的黏度可求得特性黏度 $[\eta]$，代入式(2-24-1)可计算出大分子化合物的平均相对分子质量。

黏度测定有很多方法，其中以乌氏黏度计最为方便，测得液体从毛细管黏度计中的流出时间，通过泊肃叶公式可计算黏度。当溶液流出的时间 $t >$ 100 s 时，泊肃叶公式可表示为

$$\eta = \frac{\pi p r^2 t}{8LV} \tag{2-24-2}$$

式中：η 为大分子液体的黏度，r 为测量毛细管的半径，t 为溶液流出的时间，p 为毛细管两端的压力差，L 为毛细管的长度，V 为流经毛细管的液体体积。其计算公式为

$$p = \rho g h \tag{2-24-3}$$

式中：ρ 为液体的密度，g 为重力加速度，h 为毛细管中液体的平均高度。

设溶剂的黏度、密度和一定体积溶剂流经毛细管的时间分别为 η_0、ρ_0 和 t_0，η、ρ 和 t 分别为待测液体的黏度、密度和同体积待测液流经同一毛细管的时间，则根据式(2-24-2)，溶剂和待测液体的黏度之间的关系为

$$\frac{\eta}{\eta_0} = \frac{pt}{p_0 t_0} \tag{2-24-4}$$

将式(2-24-3)代入式(2-24-4)，可得

$$\frac{\eta}{\eta_0} = \frac{\rho t}{\rho_0 t_0} \tag{2-24-5}$$

对于稀释热，$\rho \approx \rho_0$，则式(2-24-5)可简化为

$$\frac{\eta}{\eta_0} = \frac{t}{t_0} \tag{2-24-6}$$

当大分子溶液无限稀释,浓度趋近于零时,大分子间相隔甚远,之间的作用可忽略,此时,$[\eta] = \lim_{c \to 0} \dfrac{\eta_{sp}}{c} = \lim_{c \to 0} \dfrac{\eta_r}{c}$。所以,测定 η_r 后,即可算出 $\dfrac{\eta_{sp}}{c}$ 和 $\dfrac{\ln \eta_r}{c}$,再根据下列经验式,即

$$\frac{\eta_{sp}}{c} = [\eta] + \beta_1 [\eta]^2 c \tag{2-24-7}$$

$$\frac{\ln \eta_r}{c} = [\eta] - \beta_2 [\eta]^2 c \tag{2-24-8}$$

以 $\dfrac{\eta_{sp}}{c}$ 和 $\dfrac{\ln \eta_r}{c}$ 对溶液大分子浓度 c 作图,线性外推得到$[\eta]$。如图 2-30 所示,两条线应重合于一点,以验证实验的可靠性。

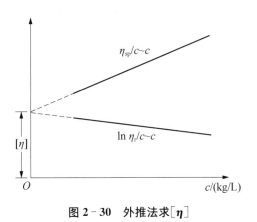

图 2-30　外推法求$[\eta]$

三、仪器和试剂

1. **仪器**　乌氏黏度计,分析天平,秒表,恒温水浴槽,5 mL 和 10 mL 移液管,100 mL 注射器,3 号砂芯漏斗,50 mL 容量瓶,50 mL 烧杯,100 mL 锥形瓶,250 mL 吸滤瓶,洗耳球,20 cm 长橡皮管。

2. **试剂**　分析纯右旋糖酐(平均相对分子质量 40 000～60 000)或分析纯聚乙烯醇。

四、实验步骤

1. 右旋糖酐溶液的配制　用分析天平准确称取 1.5 g 右旋糖酐样品,倒入 50 mL 烧杯中,加入约 30 mL 蒸馏水,在水浴中加热溶解至溶液完全透明,取出自然冷却至室温,再将溶液移至 50 mL 的容量瓶中,加蒸馏水至刻度,得浓度为 0.03 kg/L 的右旋糖酐溶液。然后用干燥洁净的 3 号砂芯漏斗过滤,装入 100 mL 锥形瓶中备用。

2. 黏度计的清洗　先用洗液洗净黏度,再用自来水、蒸馏水分别冲洗几次,毛细管部分应反复冲洗,烘干备用。

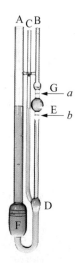

图 2 - 31
乌氏黏度计

3. 仪器安装　使用其测定黏度时,先调节恒温槽温度为 25℃,在黏度计的 B 管和 C 管上都接上橡皮管,然后将黏度计垂直放入恒温水槽中并用铁夹固定,使恒温水面完全浸没 G 球(图 2 - 31)。

4. 溶液流出时间的测定　用移液管移取 10 mL 浓度为 c_1 的右旋糖酐溶液,放入干燥洁净的黏度计中,恒温 10 min。用夹子夹紧 C 管上的橡皮管使之不通气,并用注射器经橡皮管从 B 管抽气,待到液面上升至 G 球的一半时,移去注射器,立即打开 C 管上的橡皮管的夹子,D 球以上的液体悬空。毛细管中的液体在重力作用下流下,当液面降到刻度线 a 时,开启秒表计时待液面到达刻度线 b 时,停止计时,得即液体流过 $a \sim b$ 刻度所需时间 t,重复操作 3 次,每次相差不大于 0.3 s,取 3 次的平均值为 t_{av1}。然后用移液管由 A 管加入 5 mL 蒸馏水,使溶液浓度为 c_2,通过注射器活塞前后移动将溶液混合均匀,并将溶液通过毛细管和 G 球部荡洗 2～3 次,再测定液体流过所需时间 t_{av2},采用同样的方法,依次准确加入 5 mL、5 mL、10 mL 和 10 mL 蒸馏水稀释待测溶液并混合均匀,溶液浓度分别为 c_3、c_4、c_5、c_6,分别测定液体流过 a～b 刻度线所需的时间 t_{av3}、t_{av4}、t_{av5} 和 t_{av6}。

5. 溶剂流出时间的测定　先倒掉黏度计中的右旋糖酐溶液,用自来水反复冲洗黏度计的毛细管部分,最后用蒸馏水清洗 3 次。在黏度计中加入

10～15 mL 蒸馏水,按照上述方法测定其流出时间 t_{av0}。实验完毕后,倒掉黏度计中的液体并倒置晾干。

6. 其他实验方法 预先配制 0.06 kg/L 的右旋糖酐水溶液,先取 10 mL 蒸馏水测定溶剂的 t_{av0},然后加入 10 mL 右旋糖酐测定 t_{av1},再依次加 5 mL、5 mL、5 mL、10 mL 蒸馏水测定 t_{av2}、t_{av3}、t_{av4}、t_{av5},该测定方法优点是不必取出黏度计,可保持测定条件的恒定。

五、注意事项

(1)黏度测量过程中黏度计必须垂直放置,不得晃动黏度计。

(2)黏度计必须清洗干净并干燥,尤其注意毛细管内部的清洗,防止其堵塞。

(3)样品在恒温槽中恒温后方可测量黏度。

六、数据记录和处理

(1)实验数据记录于表 2-22 中。

表 2-22 不同浓度大分子溶液的黏度和流经毛细管的时间

溶剂:_____; T:_____℃

$c/(kg/L)$	t_{av}	η_r	$\dfrac{\eta_r}{c}$	$\dfrac{\ln \eta_r}{c}$
c_0				
c_1				
c_2				
c_3				
c_4				
c_5				
c_6				

（2）作 $\dfrac{\eta_{sp}}{c} \sim c$ 及 $\dfrac{\ln \eta_r}{c} \sim c$ 图，并外推到 $c \to 0$，如图 2-30 所示，由截距可求出 $[\eta]$，或作线性回归，求取回归直线的截距和相关系数。注意，一般由 $\dfrac{\eta_{sp}}{c} \sim c$ 得到的数据较为可靠。

（3）由式（2-24-1）计算右旋糖酐的黏均相对分子质量 M_η。在 25℃ 时，右旋糖酐水溶液的 $\alpha = 0.5$，$K = 9.78 \times 10^2$ L/kg。若测定聚乙烯醇的黏均相对分子质量 M_η，25℃时，$\alpha = 0.76$，$K = 2.0 \times 10^{-2}$ kg。

七、思考题

（1）如果乌氏黏度计的毛细管太粗或太细对测定结果有何影响？
（2）为何用特性黏度 $[\eta]$ 来求算大分子的平均相对分子质量？它和纯溶剂黏度有区别吗？

八、药学应用

药液的黏度在药物制剂中具有非常重要的意义。例如，黏度是半固体制剂（如凝胶剂、膏剂、霜剂等）处方设计及制备工艺过程优化的关键物理参数之一，合适的黏度可以保证良好的药物释放；许多药用辅料如羟丙基甲基纤维素等就采用黏度进行分级。

九、其他黏度测定方法

1. **转筒法**　在两筒轴圆筒间充以待测液体，外筒匀速转动，测内筒受到的黏滞力矩。
2. **落球法**　通过测量小球在液体中下落的运动状态来求解黏度。

实验 25 | 黏度法测定蛋白质的等电点

一、实验目的

（1）掌握黏度法测定蛋白质等电点的原理和方法。
（2）掌握黏度计的原理和使用方法。
（3）了解黏度的药学应用和意义。

二、实验原理

蛋白质是由许多 α-氨基酸组成的高分子物质。蛋白质分子上有许多酸性的羧基和碱性的氨基，所以它是两性电解质，在酸性溶液中氨基电离，在碱性溶液中羧基电离。蛋白质在 pH 值低于等电点的酸性溶液中带正电荷，在 pH 值高于等电点碱性溶液中带负电荷。其电荷取决于溶液的 pH 值。当溶液在某 pH 值时，蛋白质的正负电荷数目相等，分子不带电，此时的 pH 值称为等电点。蛋白质在等电点时的稳定性、黏度、电导、渗透压和溶胀能力等都最小。所以测定不同 pH 值的蛋白质溶液的这些性质，可以找出蛋白质的等电点。例如，黏度与 pH 值的关系如图 2-32 所示。对于黏度不大的液体来说，可用毛细管法测定其黏度。乌氏黏度计的使用见实验 24。

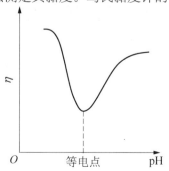

图 2-32 蛋白质黏度与 pH 关系

明胶等动物胶是蛋白质,测定动物胶稀溶液的黏度时,配制一系列不同pH值的缓冲溶液,在每种溶液中加入等量动物胶,则这一系列溶液的密度可以认为是相等的。于是

$$\eta = k \frac{t}{t_{H_2O}} \qquad (2-25-1)$$

先测定一定体积的水流经黏度计中毛细管所需的时间,然后测定同体积的动物胶稀溶液流经毛细管所需的时间 t,即可求出这一系列溶液的黏度的相对值。

三、仪器和试剂

1. **仪器**　恒温水浴 1 套,乌氏黏度计 1 支,秒表 1 只,5 mL 移液管 8 支,250 mL 烧杯 8 只,150 mL 锥形瓶 8 个,25 mL 量筒 2 只,铁架台 1 个,橡皮管 1 段。

2. **试剂**　明胶,0.2 mol/L 醋酸溶液,0.2 mol/L 醋酸钠溶液。

四、实验步骤

(1) 缓冲溶液配制:将 10 mL 冰醋酸稀释到 800 mL 可得 0.2 mol/L 醋酸溶液,将 16.4 g 醋酸钠溶于 1 000 mL 水可得 0.2 mol/L 醋酸钠溶液。按表 2-23 配制 7 种 pH 值缓冲溶液。

表 2-23　缓冲溶液的配制

编号	0.2 mol/L 醋酸(mL)	0.2 mol/L 醋酸钠(mL)	pH
1	95	5	3.62
2	90	10	3.87
3	70	30	4.33
4	44	56	4.74
5	40	60	4.96
6	20	80	5.36
7	10	90	5.77

（2）3％的明胶溶液的配制：用天平准确称取 4.5 g 明胶，加入 150 mL 蒸馏水中，加热到 45℃左右，使之溶解。

（3）在 7 个干燥洁净的 150 mL 锥形瓶内分别加入 30 mL 上述 7 个缓冲溶液，再分别加入 5 mL 3％的动物胶溶液并摇匀，用 pH 计分别检查这些溶液的 pH 值。

（4）取蒸馏水注入洗干燥过的乌氏黏度计内，将其固定在 35℃的恒温槽内，使黏度计小球上面的刻度完全浸入水中，黏度计必须垂直。在黏度计细管的上方套上一段橡皮管。恒温 10～15 min 后，用洗耳球在橡皮管的一端吸蒸馏水上升到小球上面的刻度以上，然后完全放开橡皮管，使蒸馏水自由流下，用秒表记录液面从上面的刻度流到下面的刻度所需的时间 t_{H_2O}，再把蒸馏水吸上，重复测定约 5 次，务必使每次测定的时间差距不超过 0.2 s，取平均值。

（5）倒出黏度计内的蒸馏水，依次用乙醇和乙醚仔细洗净黏度计后，用压缩空气或冷风将黏度计干燥。然后装入 5 mL 上述 7 个不同酸度的明胶溶液之一，在恒温槽内恒温约 0.5 h 后，同上法测定动物胶溶液在黏度计内流下所需的时间。测定时应注意当明胶溶液上升到小球上面的刻度以上时，液面不能有气泡。

（6）倒出黏度计内的明胶溶液，依次用自来水、蒸馏水、乙醇和乙醚洗净黏度计，并干燥处理，同法测定其他 pH 值的明胶溶液在黏度计内流下的时间。

五、数据记录和处理

（1）计算出不同 pH 值明胶溶液的 $\dfrac{t}{t_{H_2O}}$。

（2）以 pH 值为横坐标，$\dfrac{t}{t_{H_2O}}$ 代替 η 为纵坐标，作如图 2-32 的曲线，找出与曲线最低点相对应的 pH 值，即得明胶胶的等电点。

六、思考题

（1）黏度计的毛细管太粗、太细各有哪些缺点？

（2）为什么蛋白质处于等电点其黏度最低?

七、药学应用

蛋白类、酶类和抗体类等大分子药物均为两性电解质,可采用本实验黏度法测定其黏度、等电点等性质,为其质量标准的建立提供依据。此外,很多注射液、溶液、悬浮液等均需检测其黏度以控制产品质量。一些抗凝药物的效果也需要通过测定血液黏稠度加以验证药效。

实验 26 | 蛋白质的盐析和变性

一、实验目的

（1）掌握蛋白质盐析的原理和方法。
（2）掌握蛋白质变性的实验原理。
（3）了解蛋白质的盐析和变性的药学应用。

二、实验原理

大量实验表明,蛋白质等大分子溶液发生盐析作用的主要原因是大分子与溶剂间的相互作用被破坏,即去水化而造成的。大分子化合物在水溶液中都是水化的,当在大分子溶液中加入适量的电解质后,一部分溶剂由于电解质的加入形成水化离子,使溶剂失去溶解大分子的性能,这样大分子物质被去水化。而大分子溶液的稳定性,主要靠包围在大分子外面的水化膜保护,一旦水化膜不能形成,则大分子溶液就要聚沉,这种现象就是盐析。

蛋白质等大分子溶液的浓度、大分子的形状、热、光、电解质(即盐类)、pH 值、空气等都对大分子溶液的盐析有影响,本实验主要讨论电解质的影响。

要使大分子溶液发生盐析,必须加足够多的电解质,且电解质的去水化作用越强,其盐析能力就越大。利用加入不同浓度的电解质,还可进行分步盐析,分离提取不同的大分子化合物。大分子溶液盐析生成的沉淀物有一个特点,就是这种沉淀在重新加入溶剂后能恢复成溶液。

蛋白质的变性一般是发生在具有球形结构的状态,物理或化学的因素都可使蛋白质发生变性,最显著的特征是分子形状发生了根本的变化,这种改变一般是分两个阶段进行的。第 1 阶段是局部微弱地发生在分子外部的变化,此时蛋白质分子结构没有多大变化,故这个阶段为可逆变性。第 2 阶段是全面的整个分子的变性,这个阶段的变性是不可逆的。

对于已变性的蛋白质,即丝状的线性大分子很容易相互结合起来,形成整体的网状结构,使整个溶胶凝结成整块的冻状物。例如,将鸡蛋清加热进行热变性便可形成蛋白凝胶,不能返稀了。

三、仪器和试剂

1. **仪器**　减压过滤器 1 套,离心机 1 台,离心管 2 只,150 mL 烧杯 3 个,100 mL 量筒 1 个。

2. **试剂**　硫酸铵,鸡蛋清。

四、实验步骤

(1) 将新分离的蛋清倾入烧杯中,将其搅匀,用减压过滤器过滤,将滤液分为 2 份。

(2) 在其中一份滤液中分次加入少量硫酸铵粉末,边加边用玻璃棒搅拌,直至粉末不再溶解,达到饱和为止,可观察到溶液中有絮状蛋白质沉淀析出,离心机离心,弃去溶液,在沉淀中加入蒸馏水并搅拌,观察沉淀是否溶解。

(3) 将另一份滤液加热,观察是否生成絮状蛋白质沉淀。离心分离沉淀加入蒸馏水,观察其是否溶解。

五、数据处理

（1）观察并记录实验现象，并写出结论和原因。

（2）通过实验结果说明盐析和变性的区别。

六、思考题

（1）电解质离子的价数是否影响其盐析能力？

（2）何为大分子溶液的盐析现象？何为其变性作用？

七、药学应用

　　胰蛋白酶、溶菌酶、糜蛋白酶、白蛋白及抗体类药物等均为蛋白类药物，通常由新鲜动植物提取，或从细菌或细胞培液中提取，盐析是制药领域提取分离蛋白质的重要方法。为了维持蛋白类药物的活性，就需要控制温度、重金属等因素，防止其变性而失去生物活性。对于含有酶的中药，需要通过热处理使其免活，以控制药材品质。比如，黄芩就需要通过炮制和热处理使里面的水解失活，防止其中的黄芩苷和汉黄芩苷水解，即为常说的杀酶保苷。此外，在蛋白类药物蛋白组学分析中，需要将其水溶液热处理，使其变性，蛋白质分子长链展开，便用蛋白酶水解成多肽，然后借助生物质谱获得其肽指纹图谱，完成蛋白鉴定。

第三章 综合设计性实验

实验 27 加速实验法测定药物有效期

一、实验目的

(1) 应用化学动力学的原理和方法，采用加速实验法测量不同温度下药物的反应速率。

(2) 根据阿伦尼乌斯公式，计算药物在常温下的有效期。

(3) 掌握分光光度计的测量原理及应用。

(4) 了解化学反应动力学理论的药学应用。

二、实验原理

药物在储存过程中常发生水解、氧化等反应使有效成分含量逐渐下降，乃至失效。预测药物储存期主要是利用化学动力学的原理和方法，在较高温度范围内测试药物降解反应的速率常数和活化能，经数学处理可外推出药物在室温下降解的速率常数，并推测出储存期。

已知四环素在 pH 值低于 6 的酸性溶液中，易生成脱水四环素。

图 3-1 为四环素脱水反应式。在脱水四环素分子中，由于共轭双键的

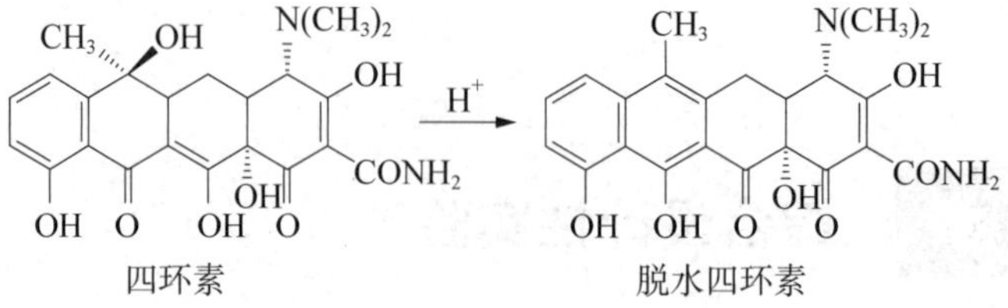

图 3 - 1   四环素脱水反应式

数目增多,因此其色泽加深,对光的吸收程度也较大。脱水四环素在 445 nm 处有最大吸收。实验证明,四环素在酸性溶液中变成脱水四环素的反应,在一定时间范围内属于一级反应。生成的脱水四环素在酸性溶液呈橙黄色,在一定波长下,其吸光度 A 与脱水四环素的浓度 c 呈函数关系。本次实验利用这一颜色反应来测定四环素在酸性溶液中变成脱水四环素的动力学性质。

根据一级反应动力学方程式

$$\ln \frac{c_0}{c} = kt \qquad\qquad (3 - 27 - 1)$$

$$k = \frac{1}{t} \ln \frac{c_0}{c} \qquad\qquad (3 - 27 - 2)$$

式中:c_0 为 $t = 0$ 时四环素的浓度,单位为 mol/L,c 为经过 t 时间后四环素剩余浓度。如果设 x 为经过 t 时间后反应物四环素消耗掉的浓度,$c = c_0 - x$,代入式(3 - 27 - 1)可得

$$\ln \frac{c_0 - x}{c_0} = -kt \qquad\qquad (3 - 27 - 3)$$

在反应液呈酸性时,测定其吸光度的变化,用 A_∞ 表示四环素完全脱水变成脱水四环素的吸光度,A_t 为在时间 t 时部分四环素变成脱水四环素的吸光度,则式(3 - 27 - 3)中 c_0 可用 A_∞ 代替,$(c_0 - x)$ 可用替 $(A_\infty - A_t)$ 代替,可得

$$\ln \frac{A_\infty - A_t}{A_\infty} = -kt \qquad\qquad (3 - 27 - 4)$$

根据上述公式和原理,可通过分光光度法测定四环素脱水反应生成物浓度的变化,并计算初反应的速率常数 k。并测定不同温度下水解实验的速率常数值,依据阿伦尼乌斯公式,以 $\ln k$ 对 $1/T$ 作图,可得一直线,将直线外推到 25℃,可得该温度时四环素脱水反应的速率常数 k 值,根据下列公式

$$k_{0.9} = \frac{0.105\,4}{k_{25℃}} \qquad (3-27-5)$$

可计算出药物四环素的有效期。

三、仪器和试剂

1. **仪器**　分光光度计 1 台,分析天平 1 台,恒温水浴 4 套,酸度计,秒表 1 只,50 mL 磨口锥形瓶 22 只,15 mL 移液管 2 只,500 mL 容量瓶 2 只。

2. **试剂**　盐酸四环素,盐酸,蒸馏水。

四、实验步骤

(1) 溶液配制:借助酸度计,用稀盐酸调蒸馏水的 pH 为 6,称取 500 mg 盐酸四环素,用 pH=6 的蒸馏水配成 500 mL 溶液,使用时取上清液。

(2) 用 15 mL 移液管将配制好的四环素溶液分装入 50 mL 磨口锥形瓶内,塞好瓶口。

(3) 设置恒温水浴温度:将 4 只恒温水浴温度分别设置为 80℃、85℃、90℃ 和 95℃,直至温度恒定。在 4 个恒温水浴中分别放入 5 个装有四环素溶液的磨口锥形瓶。从 80℃ 水浴中恒温的锥形瓶,每隔 25 min 从水浴中取 1 个;从 85℃ 中的磨口锥形瓶,每隔 20 min 取 1 个,对于 90℃ 和 95℃ 恒温的磨口锥形瓶,每隔 10 min 取 1 个。取出的磨口锥形瓶迅速用冰水冷却终止反应。然后用分光光度计于波长 $\lambda=445$ nm 处,以配制的盐酸四环素作空白溶液,测其样品溶液吸光度 A_t。

(4) 将 1 个装有四环素溶液的磨口锥形瓶放入 100℃ 水浴中,恒温 1 h,取出冷却至室温,在分光光度计上于波长 $\lambda=445$ nm 处测 A_∞。

五、注意事项

(1)实验中应严格控制恒温水解时间,按时取出样,并迅速放入冰水中冷却以终止反应。

(2)测定四环素溶液吸光度时,应在干燥环境中进行,防止比色皿因内部溶液过冷结雾,影响测定结果。

六、数据记录和处理

(1)请将数据记录于表3-1中。

表3-1   不同温度下样品溶液的吸光度

室温:_____℃,大气压:_____kPa

80℃		85℃		90℃		95℃	
t/min	A_t	t/min	A_t	t/min	A_t	t/min	A_t

(2)根据(3-27-4),求出各温度下的速率常数 k 值,并填入表3-2。

表3-2   不同温度下样品溶液的吸光度

数据	80℃	85℃	90℃	95℃
$1/T$				
T				
$\ln k$				

（3）以 $\ln k$ 对 $1/T$ 作图，将直线外推至 25℃对应的绝对温度，求出此时的 k 值，再根据式（3-27-5），求出 25℃时药物的有效期。

七、思考题

（1）经过升温处理的样品，在测定前为什么要用冷水迅速冷却？
（2）本实验是否要严格控制温度？原因何在？

八、药学应用

化学动力学在药学中具有十分广泛的应用和重要的理论价值，是药物代谢动力学和药物稳定性研究的基础。通过研究药物含量与温度和时间的关系可预测药物的有效期，确定药物保存温度和保存条件，通过药物高温加速老化实验可预测低温时药物的保存时间。

实验 28 | 毛细管区带电泳分离检测陈皮中辛弗林和橙皮苷

一、实验目的

（1）了解毛细管区带电泳的测定原理。
（2）掌握毛细管区带电泳电化学分离检测陈皮中辛弗林和橙皮苷的方法。
（3）熟悉毛细管区带电泳安培检测系统的使用。
（4）了解毛细管电泳在药学中的应用。

二、实验原理

高效毛细管电泳（high performance capillary electrophoresis，HPCE）是离子和带电粒子以电场为驱动力，在毛细管中按其淌度（单位电场下离子的平均电泳速度)或分配系数不同进行高效、快速分离的一种电泳新技术。HPCE 分为毛细管区带电泳(capillary zone electrophoresis，CZE)、毛细管等速电泳(capillary isotachophoresis，CITP)、毛细管等电聚焦电泳(capillary isoelectric focusing，CIEF)、毛细管凝胶电泳(capillary gel electrophoresis，CGE)和毛细管电动色谱等多种模式。本实验研究的是毛细管区带电泳。

毛细管区带电泳是 HPCE 中最基本的分离模式，应用广泛。它的原理是，毛细管与两个电泳槽相连，内充有相同组分和相同浓度的背景电解质溶液。样品溶液从毛细管的一端(进样端)导入，当毛细管两端加上一定的直流电压后，荷电溶质便向与其极性相反的电极移动，即为电泳。其迁移速度与电场强度、介质特性、离子的有效电荷及其大小和形状有关。同时，由于在熔融二氧化硅毛细管内表面硅羟基(Si—OH)的 $pK_a = 2.5$，在碱性和微酸性溶液中 Si—OH 电离成 SiO^-，使表面带负电荷。负电荷表面在溶液中积聚相反的正离子，形成双电层(包括紧密层和扩散层)，其正电荷随着远离表面而逐渐与体相溶液接近，使体相溶液带正电。在电场的作用下，体相溶液整体向一个方向泳动，这种现象称之为电渗流(electroosmotic flow，EOF)。其中，毛细管内表面的双电层带电性质可以通过用阳离子型表面活性剂等手段加以改变，从而改变 EOF 方向。实际上，在毛细管中电泳与电渗流并存，在不考虑它们之间的相互作用时测定的离子迁移速度，是电泳和电渗流两个速度的矢量和，定义为表观迁移速度。带电粒子在单位电场下的表观迁移速度称为表观淌度。由于样品组分间的表观淌度不同，它们的表观迁移速度不同，因而经过一定时间以后，各组分将按其表观淌度大小顺序，依次到达检测器被检出，得到按时间分布的电泳图。谱峰的迁移时间 t_m 可以作为组分定性的依据，谱峰的高度 h 或峰面积 A 可作为定量分析的依据。

值得一提的是，电渗是伴随电泳产生的一种电动现象，在毛细管电泳(capillary electrophoresis，CE)分离中扮演十分重要的角色。通常，EOF 比电泳速度快 5～7 倍，CE 借助正、负离子和中性分子一起朝一个方向(本实验为阴极方向)产生差速迁移，在一次操作中同时完成正、负离子的分离分析。通过 EOF 大小和方向的控制，还可以影响 CE 分离的效率、选择性和分离度，故 EOF 是优化分离条件的重要参数。

毛细管电泳电化学检测仪主要包括高压直流电源(0～30 kV)、熔融石英毛细管和电化学检测器。电化学检测有 3 个模式,分别为安培法、电导法和电位法。其中安培检测法的灵敏度高,检测体积小,仪器设备简单,是一种有前途的 CE 检测方法。其原理是,测量物质在电极表面发生氧化或还原反应,产生与被分析物质浓度成正比的检测电流。本次实验毛细管电泳电化学检测采用安培检测法。

陈皮为芸香科植物橘(*Citrus reticulata* Blanco)及其栽培变种的干燥成熟果皮,药材分为“陈皮”和“广陈皮”。采摘成熟果实,剥取果皮,晒干或低温干燥。具有理气健脾,燥湿化痰的功效,常用于胸脘胀满,食少吐泻,咳嗽痰多。辛弗林和橙皮苷是其含有的两种重要活性物质,是陈皮的质量标志物。两个化合物的结构式见图 3‑2,均具有电化学活性。本实验采用毛细管电泳电化学检测技术分离检测陈皮甲醇提取液中的辛弗林和橙皮苷,以便学生了解毛细管区带电泳的测定原理,掌握毛细管区带电泳电化学分离检测陈皮中辛弗林和橙皮苷的方法,并熟悉毛细管区带电泳安培检测仪器系统的使用。

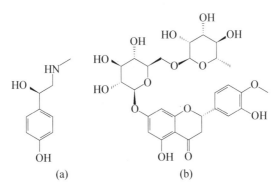

图 3‑2　辛弗林(a)橙皮苷(b)结构式

三、仪器和试剂

1. **仪器**　毛细管电泳安培检测系统,包括±30 kV 高压电源、电化学检测器、40 cm 长熔融石英毛细管(外径 365 μm,内径 25 μm)、直径为 300 m 碳圆盘电极(用 M5 金相砂纸磨成盘状,在软纸上抛成镜面,用无水乙醇浸洗)、烧杯和漏斗等。

2. 试剂 辛弗林,橙皮苷,甲醇,50 mmol/L 硼酸盐缓冲液(pH=9.2)。

四、实验步骤

1. 标准储备液的配制

(1)辛弗林标准储备液(1 mmol/L):查阅辛弗林分子量,用甲醇配制。

(2)橙皮苷标准储备液(1 mmol/L):查阅橙皮苷分子量,用甲醇配制。

2. 电极的安装 本实验使用毛细管电泳安培检测系统,电化学检测池为三电极体系,碳圆盘电极为工作电极,饱和甘汞电极为参比电极,铂丝为辅助电极。并使工作电极与毛细管出口在一条直线上,并尽可能靠近毛细管末端。

3. 测定条件的选择 采用电动进样,条件为在 9 kV 下从毛细管阳极端进样 6 s,检测池为电泳负极电泳槽。50 mmol/L 硼酸盐缓冲液(pH=9.2)为运行缓冲液,分离电压为 9 kV,检测电位为 0.9 V。

4. 标准曲线的绘制 配制 0.5 mmol/L 辛弗林和 0.5 mmol/L 橙皮苷标准混合溶液,用运行缓冲液稀释得到 0.05 mmol/L、0.1 mmol/L、0.2 mmol/L、0.3 mmol/L、0.4 mmol/L 和 0.5 mmol/L 浓度系列标准混合溶液。在上述选定条件下进行测试。测得的一组混合标准溶液的电泳图谱。其中 0.1 mmol/L 辛弗林和 0.1 mmol/L 橙皮苷的标准混合溶液的毛细管电泳电化学检测图谱见图 3-3。

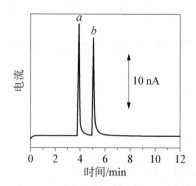

图 3-3 **0.1 mmol/L 辛弗林(a)和 0.1 mmol/L 橙皮苷(b)的标准混合溶液的毛细管电泳电化学检测图谱**

5. **样品测定** 将陈皮于 60℃ 干燥 3 h,用粉碎机粉碎为 80 目的粉末,准确称取 0.5 g 样品,于 100 mL 圆底烧瓶中,加入 50 mL 甲醇,称重,回流提取 30 min 后用甲醇补重。过滤得提取液,取 100 μL 提取液于称量瓶中晾干溶剂,加入 1 mL 50 mmol/L 硼酸盐缓冲液(pH=9.2)溶解,离心后进样分析,测得样品的电泳图谱。

五、数据处理

(1) 由测得的混合标准溶液的电泳图谱,得到不同浓度下辛弗林和橙皮苷的峰高。以峰高与对应的浓度作标准曲线或拟合线性回归方程,并计算相关系数。

(2) 由测得样品的电泳图谱得到辛弗林和橙皮苷的峰高,从对应的标准曲线或拟合线性回归方程得到样品溶液中辛弗林和橙皮苷浓度,进一步计算得到陈皮中的含量。

六、思考题

(1) 毛细管区带电泳对样品组分进行分离分析的原理是什么?

(2) 查找有关同时测定陈皮中辛弗林和橙皮苷的其他方法,并与本法进行比较。

(3) 安培检测的依据是什么? 有什么特点?

七、药学应用

毛细管电泳在药学领域具有十分广泛的应用,可用于中药、化学药物和生物药物的分离分析和快速检测,具有样品用量少、检测灵敏度高和分析速度快和成本低等优点。其次,其在药物筛选、体内药物分析等领域也有广泛应用。此外,毛细管电泳化可用于药物解离常数、等电点、结合常数等物理化学常数的测定。

实验 29 ｜从茶叶中提取咖啡因

一、实验目的

(1) 通过从茶中提取咖啡因,掌握天然产物的一种提取方法。

(2) 学习用索氏提取器萃取和用升华法提纯有机物的操作技术。

(3) 了解索氏提取器和升华的药学应用。

二、实验原理

茶叶中含有多种生物碱,其中主要成分为咖啡因(碱)占 $1\%\sim5\%$、少量的茶碱和可可豆碱。此外,还含有丹宁酸、色素、纤维素及蛋白质等。咖啡因学名 1,3,7 -三甲基- 2,4 -二氧嘌呤,具绢丝光泽的无色针状结晶,含一个结晶水,在 $100℃$ 时失去结晶水开始升华,$180℃$ 时可迅速升华为针状晶体。无水咖啡因熔点为 $234.5℃$,是弱碱性物质,能溶于水、酒精、乙醚及氯仿,易溶于热水,在常温下易溶于氯仿。

咖啡因味苦,具有刺激心脏,兴奋大脑神经和利尿等作用,因此可作为中枢神经兴奋药。目前,咖啡因主要通过人工合成制得。为了提取茶叶中的咖啡因,往往选用适当溶剂(例如,乙醇)在索氏提取器中连续抽提,就可以把大部分咖啡因溶解在溶剂中,去溶剂后即得粗咖啡因。

粗制咖啡因中含有其他一些生物碱杂质。咖啡因于 $178℃$ 时很快升华,因此可利用升华将粗咖啡因进一步提纯。某些物质在固体状态时具有相当高的蒸气压,当被加热时,不经过液体状态而直接汽化,蒸汽冷却时又不经液相而直接凝成固体,这个过程叫作升华。若固体混合物各组分具有不同的挥发度,则可用升华法提纯,升华得到的产品一般具有较高纯度。纯咖啡因为白色针状晶体,熔点为 $235\sim236℃$。所得的咖啡因可用薄层色谱鉴定。

固体物质的萃取,通常是用浸出法或采用索氏提取器(又称脂抽出器,本实验作为综合设计性实验,请检索文献了解其结构和原理)来进行。前者是通过溶剂浸润溶解,将固体中所需要的物质提取出来,但这个方法所需溶剂的量较大而效率高。尤其是所提取的物质溶解度很小时,更要消耗大量的溶剂和很长的时间。在这种情况下,可用索氏提取器来萃取。索氏提取器是利用溶剂回流及虹吸原理,使固体物质每一次都能为纯的热溶剂所萃取,因而效率较高。

在进行提取之前、先将滤纸卷成圆筒状,其直径稍小于提取筒的直径,一用线扎紧,装入研细的被提取的固体,轻轻压实,上盖以滤纸,放入提取器,然后开始将溶剂加热,使溶剂蒸气上升通过玻管,而被冷凝管冷凝成为液体,滴入提取筒中,待筒中液面超过虹吸管上端后,溶剂即被虹吸流回烧瓶中,并萃取出可溶于溶剂的部分物质。溶剂受热回流,循环不止,直至物质大部分被提取出来为止。提取一般需要数小时才能完成。然后浓缩提取液,将提取到的物质用其他方法分离出来。

三、仪器和试剂

1. 仪器　索氏提取器,100 mL 量筒,10 mL 蒸馏烧瓶,直形冷凝管,弯形接管,100℃和360℃温度计,蒸发皿,玻璃漏斗,刮刀、水浴锅,台秤,熔点测定管。

2. 试剂和材料　茶叶末、95％乙醇,石灰。

四、实验步骤

称取 10 g 茶叶末,放入折叠好的滤纸套筒内,再将套筒放入脂肪提取器里,在圆底烧瓶内加入 80 mL 95％乙醇,用水浴加热连续提取,直至提取器的虹吸管内的提取液颜色变浅为止,约 1.5 h。停止加热,稍冷后拆去提取装置,改成蒸馏装置,蒸去大部分乙醇,趁热将瓶缩液倒入蒸发皿中,加入 5~6 g 研细的生石灰,在蒸气浴上拌炒至干。然后,将一张有许多小孔的滤纸盖在蒸发皿上,上面罩一个合适的漏斗,用简易空气浴小火加热升华。当斗内出现白色烟雾,在纸上有白色毛状结晶产生时,停止加热,自然冷却至100℃左右,取下漏斗轻轻揭开滤纸,用刮刀轻轻刮下滤纸上的结晶,残渣拌和后用较大的火再升华一次,合并两次收集的咖啡因。本实验作为综合设计实验,有关升华的装置和原理请自行查阅有关文献。

五、注意事项

(1) 滤纸套筒大小要适中,既要紧贴器壁,又能方便取放,套筒内茶叶高度不得超过虹吸管。

(2) 瓶中乙醇不可蒸得太过,否则残液太粘不易倒出,造成损失。

(3) 尽可能炒干,否则将影响产物的质量。

(4) 升华操作火的大小是关键,若火太小则无产物升华出来,加热火太大则产物会焦化,直接影响产物的产量和质量。

六、思考题

(1) 本实验为什么要用索氏提取器,它有什么优点?

(2) 哪些有机化合物可以用升华法纯化?

七、药学应用

溶剂提取和升华均为物理化学理论课"相图"一章相关内容,均涉及物质的相变。无论是从天然产物中,还是从药物合成反应体系中提取药物成分均涉及药物的溶剂提取、过滤、干燥和提纯等操作。通过本实验可进一步巩固有关理论知识。对于固相蒸气压高的易挥发固体物质,可考虑采用升华纯化。升华是在药物合成、提取和纯化中常用的方法。

| 实验 30 | 牛奶中酪蛋白和乳糖的分离及鉴定

一、实验目的

(1) 掌握调节酸度使蛋白质沉淀的方法。
(2) 练习纸上电泳分离蛋白质技术。
(3) 熟悉乳糖和半乳糖的分离和鉴定方法。

二、实验原理

酪蛋白是牛奶中主要蛋白质,其浓度约为 35 g/L,是含磷蛋白质的复杂混合物。蛋白质是两性化合物,溶液的酸碱性直接影响蛋白质分子所带的电荷。当调节牛奶的 pH 值达到酪蛋白的等电点(pI)4.8 左右时,蛋白质所带正、负电荷相等,是电中性,酪蛋白的溶解度最小,将会以沉淀的形式从牛奶中析出。而乳糖仍存在于牛奶中,通过离心的方法能将酪蛋白和乳糖分离出。根据酪蛋白不溶于乙醇和乙醚的特性,可用乙醇洗涤以除去粗制品中的脂质,使酪白初步得到纯化。

在牛奶中含有 40%~60% 的乳糖,乳糖是一种二糖,它由一分子半乳糖及一分子葡萄糖通过 β-1,4 苷键连接。在乳糖分子中,仍保留着葡萄糖部分的半缩醛经基,所以乳糖是还原性二糖,它的水溶有变旋光现象,达到平衡时的比旋光度是 +53.5°。含有一分子结晶水的乳糖的熔点是 210℃。还原糖可与盐酸苯肼作用生成糖脎。糖脎生成的速度和结晶形状以及熔点等均因糖的不同而异。因此,可利用糖脎鉴定还原糖。

三、仪器和试剂

1. 仪器 大容量低速冷冻离心机,自动指示旋光测定仪,电泳仪,有盖层析缸,500 mL 抽气吸滤瓶,布氏漏斗,表面皿,600 mL、400 mL、100 mL 烧杯,10×100 mm 试管,薄层层析装置,50 mL 和 100 mL 三角烧瓶,25 mL 容量瓶,恒温水浴。

2. 试剂　冰醋酸、95% 乙醇、乙醚,牛奶,浓盐酸,pH 试纸,石蕊试纸,硅胶 G,0.02 mol/L 醋酸钠溶液,乙酸乙酯,异丙醇,吡啶,苯胺,二苯胺,半乳糖,葡萄糖,活性炭粉,浓硝酸,米伦试剂,硫酸,100 g/L 氢氧化钠溶液,50 g/L 氢氧化钠溶液,10 g/L 硫酸铜溶液,滤纸,尼龙布(200 目)。

四、实验步骤

1. 酪蛋白的分离　牛奶在实验前不能放置很久,时间过长则其中的乳糖会慢慢变为乳酸影响乳糖分离。取 50 mL 脱脂牛奶置于 150 mL 烧杯内,在水浴锅中小心加热至 40℃,保持温度,边搅边慢慢滴加冰醋酸(1∶9),此时即有白色的酪蛋白沉淀析出,继续滴加稀酸溶液直至蛋白不再析出为止(约 2 mL),混合液的 pH 值为 4.8(加入的醋酸不可过量,过量酸会促使牛奶中的乳糖水解为半乳糖和葡萄糖)。继续搅拌并使此悬浊液冷却到室温,放置 10 mi 后,将混合物转入离心杯中,于 3 000 r/min 转速离心 15 min(离心时注意平衡),上清液(即乳清)经漏斗过滤于蒸发皿中,作乳糖的分离与鉴定。沉淀(即酪蛋白)转移至另一烧杯内,加 95% 乙醇 20 mL,搅匀后用布氏斗抽气过滤,以 1∶1($V∶V$)的乙醇-乙醚混合液小心洗涤沉淀 2 次(每次约 10 mL),最后再用 5 mL 乙醚洗涤 1 次,然后吸滤至干。洗涤时注意远离火源。将干粉铺于表面皿上在室温下挥发去乙醚,烘干,称重并计算牛奶中蛋白的含量。取 0.5 g 酪蛋白溶解于 0.4 mol/L 氢氧化钠的生理盐水 5 mL 中,分别用于蛋白质的颜色反应和蛋白质的纸电泳的鉴定。

2. 酪蛋白的颜色反应

(1) 缩二脲反应:在一小试管中加入酪蛋白溶液和 5% 氢氧化钠溶液各 5 滴,摇匀后,加入 2 滴 1% 硫酸铜溶液。将试管振摇,观察颜色变化。

(2) 蛋白黄色反应:在一小试管中,加入 10 滴酪蛋白溶液及 3 滴浓硝酸,水浴中加热,生成黄色硝基化合物。冷却后,再加入 15 滴 5% 氢氧化钠溶液,溶液呈橘黄色。

（3）茚三酮反应：在一小试管中加入 10 滴酪蛋白溶液，然后加 4 滴茚三酮试剂，加热至沸，即有蓝紫色出现。

3. 乳糖的分离　将上述实验中离心分离酪蛋白后所得的上清液（即乳清）置于蒸发皿中，在石棉网上用小火浓缩至 5 mL 左右，冷却后加入 10 mL 95％乙醇，在冰浴中冷却，并用玻棒搅拌，使乳糖完全析出，经布氏漏斗抽气过滤，用 95％乙醇将乳糖晶体洗涤 2 次（每次 5 mL），即得粗乳糖晶体。

将得到的粗乳糖晶体溶于尽可能少的热水中（50～60℃，约 8～10 mL），缓慢滴加乙醇，边加边摇，直至产生混浊为止，再小心水浴加热使混浊消失，将混合液放置过夜，让其自然冷却，吸滤收集析出的晶体用 95％的乙醇将乳糖晶体洗涤 2 次（每次 5 mL）。抽干，产品即为含有一分子结晶水的纯乳糖（$C_{12}H_{22}O_{11} \cdot H_2O$），将精制后的乳糖干燥并测定其比旋光度。

4. 乳糖的变旋光现象　进行乳糖的变旋光现象操作前，应先将测定的仪器和药品准备好，溶液的配置应尽量在 2 min 内完成。

首先精确称取 125 g 乳糖于一小烧杯中，加入少量蒸馏水使乳糖溶解，迅速转入 25 mL 容量瓶中，用蒸馏水将溶液稀释至刻度，混匀。其次，小心将溶液装于旋光管中，立即测定其旋光度。每隔 1 min 测定 1 次，直至 8 min 完成，记录数据。10 min 后，每隔 2 min 测定 1 次旋光度，继续至 20 min。记录数据并计算出比旋光度。最后，在样品管中加入 2 滴浓氨水摇匀，静置 20 min 后测其旋光度并计算出比旋光度。氨水能迅速催化乳糖的变旋光现象，使之达到平衡。

5. 乳糖的水解　取 0.5 g 自制的乳糖置于大试管中，加入 5 mL 蒸馏水使其溶解，取出 1 mL 乳糖溶液置于另一小试管中，备作糖脎鉴定，在剩下的 4 mL 乳糖溶液中加入 2 滴浓硫酸，于沸水浴中加热 15 min。冷却后，加入 10％碳酸钠溶液使碱性（红色蕊试纸变蓝）。

6. 糖脎的生成　在 1 mL 上述乳糖水解液中和备用的 1 mL 乳糖溶液中，分别加入 1 mL 新鲜配制的盐酸苯肼-醋酸溶液摇匀，置沸水浴中加热 30 min 后取出试管，自行冷却。取少许结晶在低倍显微镜下观察两种糖脎结晶形状。注意苯肼有毒性，应小心，如触及皮肤可用稀醋酸清洗，再用水冲净。

7. **糖类的硅胶 G TLC 鉴定**　用 0.02 mol/L 醋酸钠调制的硅胶 G 铺板,用溶剂乙酸乙酯∶异丙醇∶水∶啶(体积比为 26∶14∶7∶27)进行展开层析。展层后用苯胺-二苯胺磷酸为显色剂,喷洒后在 110℃ 烘箱加热至斑点显出,进行硅胶 TLC 鉴定时用 10 g/L 萄糖、10 g/L 半乳糖及 10 g/L 乳糖进行对照。

8. **酪蛋白电泳分离**　请查阅相关文献,用纸上电泳分离 α、β、γ 3 种形态酪蛋白,并选用合适的显色剂显色。

五、实验结果

1. 牛奶中分离酪蛋白

产物性状:

产量＝

产率＝

酪蛋白的颜色反应:

缩二反应:

蛋白黄色反应:

2. 乳糖的分离和鉴定

(1) 乳糖的变旋光现象:将实验数据记录在表 3 - 3 中。

表 3 - 3　乳糖溶液不同配制时间的变旋光现象

乳糖溶液的质量浓度:_____;l:_____ dm

数据	立刻	每隔 1 min	10 min 后	加氨水 20 min 后
测得的 α				
计算的 $[\alpha]_D^{25}$				

(2) 糖脎的生成:将实验数据记录在表 3 - 4 中。

表 3 - 4　糖脎的生成

反应物	试剂	现象	说明
乳糖			
乳糖水解物			

（3）乳糖水解物的 TLC 鉴定：根据硅胶板图谱画出示意图，计算 R_f 值。

六、思考题

（1）从牛奶中分离酪蛋白时为何调节溶液的 pH 值至 4.8，这是根据蛋白质的什么性质？

（2）可采用什么化学方法鉴别乳糖和半乳糖？

七、药学应用

等电点沉淀蛋白是蛋白类药物提取、分离和纯化最常用的方法。比如，胰蛋白酶、糜蛋白酶等的提取工艺中就采用了类似方法。蛋白的电泳和各种颜色反应也是鉴别类蛋白药物的重要方法。中药和药物制剂等复杂药物体系中均含有糖类物质，本实验鉴别糖类的经典方法在药学中已广泛使用。

实验 31 ｜ 酪氨酸酶的提取及其酶促反应动力学研究

一、实验目的

（1）了解生物体中酶的存在和催化作用以及生物体系中酶促反应的特点。

（2）掌握酪氨酸酶的提取和保存方法。

（3）掌握酪氨酸酶酶促反应动力学的研究方法。

（4）了解酶催化反应动力学的药学应用。

二、实验原理

酶是一类生物催化剂，由生物细胞合成，对特定底物起高效催化作用的蛋白质。生物体内所有的化学反应几乎都是在酶的催化作用下进行的。只要有生命活动的地方就有酶的作用，生命不能离开酶的存在。在酶的催化下，机体内物质的新陈代谢有条不紊地进行着。同时，在许多因素的影响下，酶对代谢发挥着巧妙的调节作用。生物体的许多疾病与酶的异常密切相关，许多药物也可通过对酶的作用来达到治疗的目的。随着酶学研究的深入，必将对生命科学、医学和人类健康产生深远影响和作出巨大贡献。

酶作为一种高效催化剂，它不仅具备一般非生物催化剂的加快反应速度的功能，还具有一般催化剂所不具备的生物大分子特征。与一般非生物催化剂相比，其具有以下特点。

1. 酶的主要成分是蛋白质   蛋白质遇高温、强酸、强碱、重金属盐或紫外线等容易变性而失活，酶促反应需要在比较温和的条件下进行。

2. 酶促反应所需的活化能较低   例如，使 1 mol 蔗糖水解所需的活化能高达 1.34 MJ（320 kcal）（1 cal＝4.168 J），若用蔗糖酶催化 1 mol 蔗糖水解，活化能仅需 39.3 kJ（9.4 kcal）。

3. 酶催化反应效率高   酶的催化效率通常比非催化反应高 $10^8 \sim 10^{20}$ 倍，比一般非生物催化剂高 $10^7 \sim 10^{13}$ 倍。

4. 酶催化具有高度的专一性   酶对所作用的底物有严格的选择性，每一种酶只能对一类物质甚至只对某一种物质的某种反应起催化作用，这是一般非生物催化剂所无法比拟的。

酶的以上特性引起生命科学和化学工作者的极大兴趣，酶正被作为分析试剂、探针和传感器信号转换物质得到应用。生物酶的化学模拟已广泛开展，将为研制高性能的工业催化剂奠定基础。此外，酶的电化学研究的开展还开辟了生物电化学和生化传感器的新领域。酶化学是一门交学科，对其研究具有广阔的前景。酶促反应动力学是酶化学的主要内容之一，这方面的研究具有重要的科学价值和实际应用。

　　本综合实验拟通过从土豆、苹果等中提取酪氨酸酶,研究其反应动力学研究和活性,对酶有个初步的认识。当土豆、苹果、香蕉及蘑菇等受损伤时,在空气作用下,很快变为棕色,这是因为它们的组织中都含有酪氨酸和酪氨酸酶,酶存在于物质内部,当内部物质暴露于空气中,在氧的参与下将发生图 3 - 4 所示反应,生成黑色素。

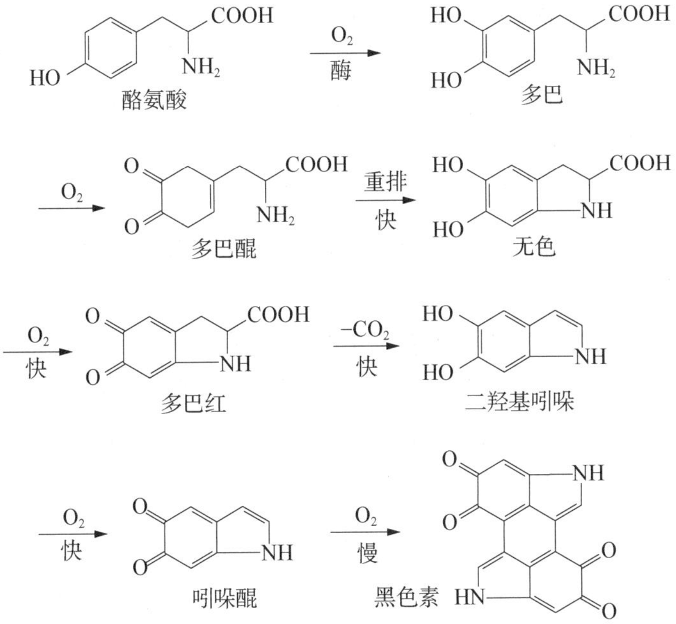

图 3 - 4　酪氨酸酶催化酪氨酸氧化生成黑色素的反应机制

　　通常,影响酶促反应的因素有酶浓度、底物浓度、溶液 pH 值、温度和抑制剂等。在酶浓度恒定的情况下,增加底物的浓度,可以提高酶促反应的初速度。当底物浓度增至某一限度后,反应初速度就不再随底物的浓度而变化,而是逐渐趋近某一极限值,这个极限值称为最大速度(V_{max})。

　　大量生化实验表明,在酶催化过程中,酶(E)首先与底物(S)结合成中间络合物

$$E + S \Longrightarrow [ES] \longrightarrow P + E \qquad (3 - 31 - 1)$$

E+S⇌[ES]是快速步骤,很快达到平衡,正向反应的速率常数为k_1,逆向反应的速率常数为k_2,[ES]⟶P+E 的速率常数为k_3,产物 P 生成速率取决于络合物[ES]的分解速率。Michaelis 和 Meten 应用动力学方法,推导得到一个动力学方程,定量描述了底物浓度与酶促反应速度的关系

$$V_i = k_3 \frac{[E]_0 [S]}{K_m + [S]} = \frac{V_{max}[S]}{K_m + [S]} \qquad (3-31-2)$$

上式为米氏方程式。米氏常数 K_m,通常为 $10^{-1} \sim 10^{-6}$ mol/L,是酶和底物络合反应的不稳定常数。其值越大表示酶与其底物的结合力越小;反之,则越大。对每一个酶底物体系来说,K_m 是一个特征参数,与酶的浓度无关,但与溶液 pH 值、温度和其他外在因素有关。K_m 的物理意义是当酶促反应速率达到最大反应速率一半时的底物浓度,单位是 mol/L。不同的酶具有不同的 K_m。若底物不同,米氏常数 K_m 也不同,K_m 常用于酶的鉴定。

式(3-31-2)中米氏常数 K_m 和 V_{max} 可由选择不同的[S]测定相应的 V_i,然后用双倒数作图法求得。米氏方程式的倒数形式为

$$\frac{1}{V_i} = \frac{K_m + [S]}{V_{max}[S]} = \frac{K_m}{V_{max}} \times \frac{1}{[S]} + \frac{1}{V_{max}} \qquad (3-31-3)$$

按式(3-31-3),以 $1/V_i$ 对 $1/[S]$ 作图,可得 Lineweaver-Burk 图,由直线的斜率和截距可求 K_m。也可以根据最小二乘法对所得实验数据进行拟合,以提高处理结果的准确性。

通常,酶的活性被定义为酶催化反应的能力,在适宜的特定条件下,可用单位时间内底物消耗量或产物生成量来表示酶促反应速度,衡量标准是酶促反应速度的大小。酪氨酸酶中含有铜,故铜的络合剂如二乙基二硫代氨基甲酸钠、叠氮化物、氯化物、苯硫脲或半胱氨酸都是酪氨酸酶活性的有效抑制剂,它们的存在能减慢或终止酶促反应的进行。

溶液酸度会影响酶活性中心上关键基团的解离度,酶蛋白处于一定的解离状态下,才能与底物结合。溶液 pH 值影响催化基团中质子供体或质子受体的离子化状态,影响底物和辅酶的解离程度。溶液 pH 值不是酶促反应的特征常数,但有最适宜的 pH 值。

温度对酶促反应具有显著影响,通常表现为双重作用。与非酶化学反应一样,当温度升高,活化分子数增多,酶促反应速度加快,对许多酶来说,温度系数多为 1~2,也就是说每增高反应温度 10℃,酶反应速度增加 1~2 倍。由于酶是蛋白质,随着温度升高而使酶逐步变性,即通过酶活力的减少而降低酶的反应速度。和溶液酸度的影响一样,最适温度不是酶的特征常数,它不是一个固定值,与酶促反应时间的长短有关,酶可以在短时间内耐受较高的温度,然而当酶反应时间较长时,最适温度向温度降低的方向移动。

三、仪器和试剂

1. **仪器**　721 分光光度计,离心机,研钵,恒温槽,秒表,pH 计,25 mL 比色管,10 mL 移液管。

2. **试剂**　磷酸钠缓冲溶液(pH 6.8),L-多巴溶液(每升磷酸钠缓冲溶液中含多巴 4 mg),土豆(或苹果)。

四、实验步骤

1. **酪氨酸酶溶液的制备**　在冰箱中预冷的研钵中放入 12.5 g 冰冻的切碎土豆(或苹果),加入 25 mL 5℃ 左右的磷酸钠缓冲溶液,用力研磨挤压约 1 min。用 2 层纱布滤出提取液温,立即离心分离 5 min(转速约 3 000 r/min)。倾出上层清液保存于冰浴或冰箱中,注意酪氨酸酶溶液必须在使用前临时制备。

2. **K_m 和 V_{max} 的测定**　取 6 支干燥试管,按表 3-5 中所列的用量依次加入磷酸盐缓冲液和 L-多巴溶液,混合均匀并在 30℃ 下恒温。然后,加入酶提取物,立即计时,反应物经充分混合后立即于 475 nm 下,在 1 cm 比色皿中测定 1 min 时的吸光度,以缓冲液和酶的混合溶液作参比溶液,应用吸光系数 $\varepsilon = 3\,600$ 求出 V_i(mol/(L·min))。

表 3-5 K_m 和 V_{max} 的测定数据记录表

项目	编号 1	编号 2	编号 3	编号 4	编号 5	编号 6
缓冲溶液/mL	4.8	3.8	3.3	2.8	2.3	1.8
多巴溶液/mL	0	1.0	1.5	2.0	2.5	3.0
酶提取物/mL	0.2	0.2	0.2	0.2	0.2	0.2
吸光度 A						

五、数据记录和处理

根据式(3-31-3),以 $1/V_i$ 为纵坐标,以 $1/[S]$ 为横坐标,可得出 Lineweaver-Burk 图,直线的斜率为 K_m/V_{max},在纵坐标上的截距为 $1/V_{max}$。还可以最小二乘法对所得实验数据进行拟合,回归直线方程,求出 K_m 和 V_{max}。

六、实验步骤

(1) 提取物在放置过程中为何会变黑?

(2) 影响酶活性的因素有哪些?

(3) 热处理后酶的活性为何会显著降低?

七、药学应用

由于生物体内几乎所有的化学反应都是在酶的催化作用下进行的,酶也是很多药物的作用靶点,根据物质对酶促反应的抑制和促进,可筛选对特定疾病进行治疗的药物。药物在体内的代谢也是在体内酶的催化下完成的。生物体的许多疾病与酶的异常密切相关,许多药物也可通过对酶的作用来达到治疗的目的。随着酶学研究的深入,必将对药学和人类健康事业作出巨大贡献。

实验 32 | 新型葡萄糖氧化酶电极的研制

一、实验目的

(1) 培养学生独立思考、综合运用理论知识设计实验的能力。

(2) 掌握葡萄糖氧化酶电极的原理的制备方法。

(3) 了解生物传感器基本概念。

(4) 了解葡萄糖氧化酶电极在药学中的应用。

二、实验背景

生物传感器是包括两个彼此紧密联系的生化和物理换能器的体系,它能将被测物的浓度与可测量的电化学信号(如电位、电流或电导等)、热(用热敏电阻检测等)或光等信号关联起来,其基本原理为被测物通过扩散进入生物敏感膜,经分子识别、发生生化反应后,所产生的信息被相应的物理换能器转换成与被测物浓度相关的电信号。

物理换能器有电化学、光谱、热、压电及表面声波技术等,按物理换能器不同分为电化学、光、半导体、压电晶体、热和介体等生物传感器。生物电化学传感器又分为安培型和电位型两种。在上述生物传感器中,研究和应用最多的是酶传感器。将酶作为试剂与电极结合是 1962 年由 Clark 和 Lyons 首先提出的。从此,在酶电极和生物传感器方面,每年都开展了大量相关研究,涉及酶的固定化、膜的组成、电极媒介体和电极的构象等。根据酶与电极间电子转移的机制,大致可将生物传感器分为三代。氧是酶的天然媒介体,采用氧的催化原理设计的酶传感器称为第一代生物传感器;而将人工合成的电子传递媒介体掺入酶层中,改进了分析常数和简化了处理步骤,能进行无试剂测量,称为第二代生物传感器;第三代生物传感器则是指在无媒介体存在下,利用酶与电极间的直接电子转移制作的酶传感器。近年来,生物传感器引起人们的极大关注,许多公司和研究单位开展了生物传感器的研究与开发,相关的论文和专利与日俱增。

根据最近的文献报道,研制成的生物传感器包括氨基酸、胆固醇、乙酰胆碱、嘌呤类以及生物芯片等生物传感器。目前,这方面的主要任务是继续研制和开发新的生物传感器,更重要的是要研制可商品化的高灵敏度、高选择性、精密度好、寿命长和价廉的传感器。在生物传感器的研究中,最关键的是酶和媒介体的固定化,以及媒介体的选择,处理的好坏直接影响传感器的各项指标和寿命。作为一种常用的生物传感器,葡萄糖氧化酶电极一直是研究热点,在糖尿病等疾病诊断以及药物、食品和农产品质量控制等方面具有广阔的应用前景,至今仍在不断探索新的制备方法。

三、实验提示

本设计实验中,学生可采用浸涂法将1-二茂铁基乙胺和壳聚糖修饰到碳电极表面,与葡萄糖氧化酶溶液作用,然后用戊二醛交联,制备壳聚糖固定化葡萄糖氧化酶生物传感器。研究目标传感器在底液中的电化学行为,同时测定葡萄糖在目标传感器上的伏安曲线。采用恒电位安培检测法,探索葡萄糖浓度与响应电流呈线性关系的浓度范围,测定响应时间。由于葡萄糖通过包埋、键合等作用固定壳聚糖膜中,不易从电极表面流失,电极稳定性较好,要求学生设计实验方法测试电极稳定性。同时,建议学生尝试将该电极用于葡萄糖注射液的测定。

四、仪器和试剂

1. **仪器**　电化学分析工作站,电脑,酸度计。
2. **试剂**　壳聚糖,1-二茂铁基乙胺,葡萄糖,葡萄糖氧化酶,25％戊二醛,磷酸二氢钠,磷酸氢二钠,蒸馏水,冰醋酸。

五、实验要求

本设计实验要求学生自己查阅相关文献资料,结合实验室的实际情况,选择合适的实验方法,自主设计实验方案和技术路线,独立完成实验操作和数据处理,制备新型葡萄糖氧化酶电极并用于葡萄糖注射液的质控。具体要求如下。

(1) 利用各种文献检索根据查阅论文、专利、参考书等相关文献资料,做出较为详细的摘要,并进行分类。

(2) 参考相关文献,通过自己的独立思考,拟订详细的实验方案,画出技术路线,并独立完成实验。

(3) 利用说明书、文献和请教专业人士了解电化学分析工作站的使用方法,完成传感器的性能测试。

(4) 以论文形式写出实验报告。

实验 33 ｜ 聚苯胺阴离子电位传感器的研制

一、实验目的

(1) 培养学生独立思考、综合运用理论知识设计实验的能力。

(2) 掌握聚苯胺阴离子电位传感器的原理的制备方法。

(3) 了解电位传感器基本概念。

(4) 了解聚苯胺阴离子电位传感器在药学中的应用。

二、实验背景

聚苯胺是一种导电高分子材料化合物的一种,具有特殊的电学、光学性质,经掺杂后可具有导电性及电化学性能。经一定处理后,可制得各种具有特殊功能的设备和材料,如生物或化学传感器、电子场发射源、可逆性锂电池电极材料、防静电和电磁屏蔽材料、导电纤维及防腐材料等。聚苯胺因其具有的原料易得、合成工艺简单、化学及环境稳定性好等特点而得到了广泛的研究和应用。聚苯胺掺杂产物的结构,主要由极化子晶格模型和四环苯醌变体模型进行解释。聚苯胺的主要掺杂点是亚胺氮原子。质子携带的正电荷经分子链内部的电荷转移,沿分子链产生周期性的分布。且苯二胺和醌二亚胺必须同时存在才能保证有效的质子酸掺杂。质子掺杂是聚苯胺由绝缘态转变为金属态的关键。本征态的聚苯胺是绝缘体,质子酸掺杂或电氧化都可使聚苯胺电导率提高十几个数量级。

　　聚苯胺以其较高的电导、简便的合成方法、掺杂方便、对水及氧的稳定性、较高的电荷储存能力和良好的电化学性能在电催化、二次电源等方面受到广泛重视。有关其合成、电化学特性及电聚合机制方面的研究较多。近年来,以导电高分子薄膜修饰电极作为电位传感器成为研究的热点,但主要用作 pH 传感器。本实验要求学生探索通过电化学方法制备土霉素对掺杂聚苯胺修饰电极,以期制备一种广谱型阴离子电位传感器,可对无机及有机阴离子,在一定浓度范围内其浓度对数值与电极电位呈一定的线性关系。

三、实验提示

　　可将基体电极置于含土霉素和苯胺的酸性溶液中,进行恒电位氧化或在一定电位范围内进行循环伏安扫描,可得广谱型阴离子电位传感器成品。其对近无机及有机阴离子,电位-浓度对数值呈一定的线性关系。全固态电极制备方便,响应速度快,稳定性及重现性好,内阻小。本实验要求学生设计实验方法、测试电极稳定性以及绘制工作曲线等,同时要求学生尝试将该电极用于生理盐水的检测。

四、仪器和试剂

1. **仪器**　电化学分析工作站,电脑,酸度计。
2. **试剂**　苯胺,硫酸,盐酸,盐酸土霉素,蒸馏水。

五、实验要求

（1）利用实验提示总结关键词，通过各种文献检索根据查阅论文、专利、专著等相关文献资料，做出较为详细的摘要，并进行分类。

（2）分析相关资料，获得核心参考文献，通过自己的独立思考，拟订详细的实验方案，画出技术路线，并独立完成实验。

（3）完成电极的稳定性、酸度影响、温度影响、响应时间、线性范围和灵敏度等的测试，并对结果进行分析讨论。

（4）尝试将该电极用于生理盐水中氯离子的检测。

（5）以论文形式给出实验报告。

实验 34 ｜ 远红外辅助蛋白高效酶解

一、实验目的

（1）培养学生独立思考、综合运用理论知识设计实验的能力。

（2）掌握远红外辅助蛋白高效酶解的原理和方法。

（3）了解蛋白组学和蛋白酶解基本概念。

（4）了解远红外辅助蛋白高效酶解的药学应用。

二、实验背景

红外线是太阳光谱中波长为 $0.76\sim1\,000\,\mu m$ 的不可见波，红外光波按照波长的不同可分成 3 个区段，即近红外（$0.76\sim1.40\,\mu m$）、中红外（$1.40\sim3.00\,\mu m$）和远红外（$3.00\sim1\,000\,\mu m$）。其中远红外辐射照射物体的生热效果大大超过近红外辐射，这是由于有机物的吸收光谱的波长大都处于 $3\sim100\,\mu m$ 的范围之内，与远红外线的波长处于同一范围，对远红外的吸收十分强烈。因此,远红外辐射十分适合作加热热源。目前,远红外辐射加热技术已广泛用于家用取暖器、油漆干燥、粮食干燥以及医疗保健等领域。

远红外辐射效率高,黑度大,接近黑体黑度,不会发出如紫外光、可见光等影响被提取样品稳定性的其他杂光。其具有与反应介质(如水和各种有机溶剂)和反应物中有机物质吸收红外线光谱相匹配的辐射能谱的分布,辐射能大部分被吸收,实现良好的匹配,达到节能的效果。由于远红外辐射穿透和辐射能力强,对被加热样品和提取溶剂的加热不同于传统的面加热,而是对样品从内外同步进行立体加热,加热效率高。此外,远红外辐射没有热惯性,在很短时间内就可以开始工作,加热速度快,也可以在很短时间内就停止工作,易于实现智能控制。鉴于远红外辐射的这些优点,本设计实验拟将远红外等组装成远红外辐射辅助蛋白系统,通过红外线加热提高酶解效率,并开展深入研究。通常,传统水浴酶解,需要 12 h 以上,效率不高,本设计实验拟通过使用远红外线加速蛋白酶解速度,将酶解时间大幅度减少到 5～10 min。

三、实验提示

可将远红外灯安装在金属箱中,直接用于样品管中蛋白样品的远红外辅助酶解,通过功率、加热时间等优化实验条件,获得优化的远红外辅助酶解条件。可用于蛋白类药物的鉴定、质控等。酶解产物可通过考马斯亮蓝染色法测定蛋白浓度,以考察酶解效率等。

四、仪器和试剂

1. **仪器**　分光光度计,恒温水浴槽,远红外灯。
2. **试剂**　胰蛋白酶,碳酸氢铵,牛血清白蛋白,溶菌酶,鸡卵白蛋白,蒸馏水。

五、实验要求

(1) 利用上述实验背景总结关键词,通过各种文献检索根据查阅论文、专利、专著等相关文献资料，做出较为详细的摘要，并进行分类，了解微波、超声等辅助蛋白酶解技术。

（2）分析相关资料，获得核心参考文献，通过自己的独立思考，基于实验室提供的试剂和仪器，拟订详细的实验方案，画出技术路线，并独立完成远红外辅助蛋白高效酶解实验。

（3）完成远红外灯功率、辐射时间等对酶解效果的影响，并对结果进行分析讨论。

（4）请设计实验测定未酶解蛋白的浓度以及获得的水解多肽的指纹图谱。

（5）以论文形式给出实验报告。

实验 35 ｜ 毛细管电泳测定对乙酰氨基酚水解反应速率常数和活化能

一、实验目的

（1）培养学生独立思考、综合运用化学动力学理论知识设计实验的能力。

（2）掌握基于毛细管电泳的对乙酰氨基酚水解反应速率常数和活化能的原理和方法。

（3）了解毛细管电泳的原理和方法。

（4）了解化学动力学的药学应用。

二、实验背景

对乙酰氨基酚，又名扑热息痛，为退热镇痛药，毒性较非那西汀低，尤适于儿童服用，可用于头痛、发热感冒、风湿痛、神经痛和痛经等，由对氨基酚乙酰化合成，在碱性和酸性溶液中易水解为对氨基酚，对氨基酚亦有解热镇痛作用,但毒性较大,故《药典》规定要检查对乙酰氨基酚原料药和成品药中对氨基酚。对乙酰氨基酚的水解是关系药物稳定性的主要原因之一,测定其水解反应速率常数和水解反应活化能对评价药物稳定性、优化药物加工工艺、选择合适的剂型和药物的保存条件有一定指导意义。

目前,测定对乙酰氨基酚的方法有经典的紫外分光光度法、高效液相色谱法和毛细管电泳法等。化学反应速率及相关动力学常数的测定是物理化学领域的主要研究内容之一,化学动力学常数的测定常常涉及温度控制、时间记录及浓度测定等。因此,这3个变量间的关系成了化学动力学研究的主题之一。

目前,毛细管电泳用于物理化学常数测定较少。本设计实验采用毛细管区带电泳测定对乙酰氨基酚在酸性溶液中的水解反应速率常数及活化能。该方法能同时检测对乙酰氨基酚及其水解产物对氨基酚,简单直观,结果令人满意。

三、实验提示

先建立对乙酰氨基酚和对氨基酚的毛细管电泳分离检测技术,由于对氨基酚带氨基,运行缓冲液可用酸性缓冲液,可有效分析两种化合物。乙酰氨基酚酸性水解可按一级反应处理,通过测定几个不同水解温度下对乙酰氨基酚浓度随时间的关系,可测定不同温度的速率常数,进而计算乙酰氨基酚水解反应活化能。

四、仪器和试剂

1. **仪器**　毛细管电泳仪,恒温水浴槽,酸度计。
2. **试剂**　乙酰氨基酚,对氨基酚,磷酸氢钠,磷酸二氢钠,蒸馏水。

五、实验要求

(1) 利用上述实验背景总结关键词,通过各种文献检索根据查阅论文、专利、专著等相关文献资料,做出较为详细的摘要,并进行分类,了解对乙酰氨基酚和对氨基酚分析技术进展。

(2)分析相关资料,获得核心参考文献,通过自己的独立思考,基于实验室通过的试剂和仪器,拟订详细的实验方案,画出技术路线,并独立完成分析方法建立以及水解反应速率常数和活化能测定实验。

(3)建立对乙酰氨基酚和及其水解产物的毛细管分离和检测技术。

(4)根据对乙酰氨基酚水解速率及其活化能测定实验,完成4个温度点的水解常数测定,测得活化能。为对乙酰氨基酚的稳定性评价提供了理论依据。

(5)以论文形式给出实验报告。

附　录

附表 1　国际单位制的基本单位

量的名称	单位名称	单位符号
长度	米	m
质量	千克(公斤)	kg
时间	秒	s
电流	安培	A
热力学温度	开(尔文)	K
物质的量	摩尔	mol
发光强度	坎(德拉)	cd

附表 2　国际单位制的辅助单位

量的名称	单位名称	单位符号
平面角	弧度	rad
立体角	球面度	sr

附表 3　国际单位制的一些导出单位

量的名称	单位名称	单位符号	用国际基本单位表示的单位
频率	赫(兹)	Hz	s^{-1}
力、重力	牛顿	N	$m \cdot kg \cdot s^{-2}$
压强、压力、应力	帕(斯卡)	Pa	$m^{-1} \cdot kg \cdot s^{-2}$

量的名称	单位名称	单位符号	用国际基本单位表示的单位
能量、功、热	焦(耳)	J	$m^2 \cdot kg \cdot s^{-2}$
功率、辐射通量	瓦(特)	W	$m^2 \cdot kg \cdot s^{-3}$
电量、电荷量	库(仑)	C	$s \cdot A$
电位、电压、电动势	伏(特)	V	$m^2 \cdot kg \cdot s^{-3} \cdot A^{-1}$
电容	法(拉)	F	$m^{-2} \cdot kg^{-1} \cdot s^4 \cdot A^2$
电阻	欧(姆)	Ω	$m^2 \cdot kg \cdot s^{-3} \cdot A^{-2}$
电导	西(门子)	S	$m^{-2} \cdot kg^{-1} \cdot s^3 \cdot A^2$
磁通量	韦(伯)	Wb	$m^2 \cdot kg \cdot s^{-2} \cdot A^{-1}$
磁感应强度	特(斯拉)	T	$kg \cdot s^{-2} \cdot A^{-1}$
电感	亨(利)	H	$m^2 \cdot kg \cdot s^{-2} \cdot A^{-2}$
摄氏温度	摄氏度	℃	/
光通量	流(明)	lm	$cd \cdot sr$
黏度	帕斯卡秒	Pa·s	$m^{-1} \cdot kg \cdot s^{-1}$
表面张力	牛顿每米	N/m	$kg \cdot s^{-2}$
热容量、熵	焦耳每开	J/K	$m^2 \cdot kg \cdot s^{-2} \cdot K^{-1}$
比热	焦耳每公斤每开	J/(kg·K)	$m^2 \cdot s^{-2} \cdot K^{-1}$
电场强度	伏特每米	V/m	$m \cdot kg \cdot s^{-3} \cdot A^{-1}$
密度	千克每立方米	kg/m^3	$kg \cdot m^{-3}$
吸附剂量	戈(瑞)	Gy	$J \cdot kg^{-1}$
剂量、当量	希(沃特)	Sv	$J \cdot kg^{-1}$

附表4　国际制词冠

因数	词冠	名称	符号	因数	词冠	名称	符号
10^{12}	tera	太	T	10^{-1}	deci	分	d
10^9	giga	吉	G	10^{-2}	centi	厘	c
10^6	mega	兆	M	10^{-3}	mili	毫	m
10^3	kilo	千	k	10^{-6}	micro	微	μ
10^2	hecto	百	h	10^{-9}	nano	纳	n
10^1	deca	十	da	10^{-12}	pico	皮	p
				10^{-15}	femto	飞	f
				10^{-16}	atto	阿	a

附表 5　常用物理化学常数

常数名称	符号	数值	单位(SI)
真空光速	c	2.99792458×10^8	$m \cdot s^{-1}$
普朗克常数	h	$6.6260693 \times 10^{-34}$	$J \cdot s$
万有引力常数	G	6.67421×10^{-11}	$m^3 \cdot kg^{-1} \cdot s^{-2}$
重力加速度	g	9.80665	$m \cdot s^{-2}$
基本电荷	e	$1.60217653 \times 10^{-19}$	C
阿伏伽德罗常数	N_A, L	6.0221415×10^{23}	mol^{-1}
电子静止质量	m_e	$9.1093826 \times 10^{-31}$	kg
质子静止质量	m_p	$1.6726217 \times 10^{-27}$	kg
中子静止质量	m_n	$167492728 \times 10^{-27}$	kg
法拉第常数	$F = N_A \cdot e$	9.64853383×10^4	$C \cdot mol^{-1}$
摩尔气体常数	R	8.314472	$J \cdot mol^{-1} \cdot K^{-1}$
玻尔兹曼常数	k	$1.3806505 \times 10^{-23}$	$J \cdot K^{-1}$
真空介电常数	ε_0	$8.85418782 \times 10^{-12}$	$C \cdot mol^{-1} \cdot m^{-1}$
电子质荷比	e/m_e	1.758805×10^{11}	$C \cdot kg^{-1}$
里德堡常数	R_∞	$1.0973731568525 \times 10^7$	m^{-1}
玻尔磁子	μ_B	$9.27400949 \times 10^{-24}$	$J \cdot T^{-1}$
玻尔半径	a_0	$5.291772108 \times 10^{-11}$	m

附表 6　常压下不同温度下液体的密度（g/mL）

$t/℃$	水	苯	甲苯	乙醇	氯仿	汞	乙酸
0	0.9998425	/	0.886	0.80625	1.526	13.5955	1.0718
5	0.9999668	/	/	0.80207	/	13.5832	1.0660
10	0.9997026	0.887	0.375	0.79788	1.496	13.5708	1.0603
11	0.9996081	/	/	0.79704	/	13.5684	1.0591
12	0.9995004	/	/	0.79620	/	13.5659	1.0580
13	0.9993801	/	/	0.79535	/	13.5634	1.0568
14	0.9992474	/	/	0.79451	/	13.5610	1.0557
15	0.9991026	0.883	0.870	0.79367	1.486	13.5585	1.0546
16	0.9989460	0.882	0.869	0.79283	1.484	13.5561	1.0534
17	0.9987779	0.882	0.867	0.79198	1.482	13.5536	1.0523
18	0.9985986	0.881	0.866	0.79114	1.480	13.5512	1.0512
19	0.9994082	0.880	0.865	0.79029	1.478	13.5487	1.0500

$t/℃$	水	苯	甲苯	乙醇	氯仿	汞	乙酸
20	0.998 207 1	0.870	0.864	0.789 45	1.476	13.546 2	1.048 9
21	0.997 995 5	0.879	0.863	0.788 60	1.474	13.543 8	1.047 8
22	0.997 773 5	0.878	0.862	0.787 75	1.472	13.541 3	1.046 7
23	0.997 541 5	0.877	0.861	0.786 91	1.471	13.538 9	1.045 5
24	0.997 299 5	0.976	0.860	0.786 06	1.469	13.536 4	1.044 4
25	0.997 047 9	0.875	0.859	0.785 22	1.467	13.534 0	1.043 3
26	0.996 786 7	/	/	0.784 37	/	13.531 5	1.042 2
27	0.996 516 2	/	/	0.783 52	/	13.529 1	1.041 0
28	0.996 236 5	/	/	0.782 67	/	13.526 6	1.039 9
29	0.995 947 8	/	/	0.781 82	/	13.424 2	1.038 8
30	0.995 650 2	0.969	/	0.780 97	1.460	13.521 7	1.037 7
40	0.992 218 7	0.858	/	0.772 00	1.451	13.497 3	/
50	0.988 039 3	0.847	/	0.763 00	1.133	13.472 9	/
90	0.965 323 0	0.936	/	0.754 00	1.411	13.376 2	/

附表 7　不同温度下水的黏度和表面张力

$t/℃$	$\eta \times 10^3 (\mathrm{Pa \cdot s})$	$\sigma \times 10^3 (\mathrm{N \cdot m^{-1}})$	$t/℃$	$\eta \times 10^3 (\mathrm{Pa \cdot s})$	$\sigma \times 10^3 (\mathrm{N \cdot m^{-1}})$
0	1.787	75.64	25	0.890 4	71.97
5	1.519	74.92	26	0.870 5	71.82
10	1.307	74.23	27	0.851 3	71.66
11	1.271	74.07	28	0.832 7	71.50
12	1.235	73.93	29	0.818 4	71.35
13	1.202	73.78	30	0.797 5	70.20
14	1.169	73.64	35	0.719 7	70.38
15	1.139	73.49	40	0.652 9	69.60
16	1.109	73.34	45	0.596 0	68.74
17	1.081	73.19	50	0.546 8	67.94
18	1.053	73.05	55	0.504 0	67.05
19	1.027	72.90	60	0.466 5	66.24
20	1.002	72.75	70	0.404 2	64.47
21	0.977 9	72.59	80	0.354 7	62.67
22	0.954 8	72.44	90	0.314 7	60.82
23	0.932 5	72.28	100	0.281 8	58.91
24	0.911 1	72.13			

附表 8   不同温度下水和乙醇的折射率*

$t/℃$	水	乙醇	$t/℃$	水	乙醇
14	1.333 48	/	34	1.331 36	1.354 74
15	1.333 41	/	36	1.331 07	1.353 90
16	1.333 33	1.362 10	38	1.330 79	1.353 06
18	1.333 17	1.361 29	40	1.330 51	1.352 22
20	1.332 99	1.360 48	42	1.330 23	1.351 38
22	1.332 81	1.359 67	44	1.329 92	1.350 54
24	1.332 62	1.358 85	46	1.329 59	1.349 69
26	1.332 41	1.358 03	48	1.329 27	1.348 85
28	1.332 19	1.357 21	50	1.328 94	1.348 00
30	1.331 92	1.356 39	52	1.328 60	1.447 15
32	1.331 64	1.355 57	54	1.328 27	1.346 29

*相对于空气(钠灯波长 589.3 nm)。

附表 9   不同温度下水的饱和蒸气压

$t/℃$	p/kPa	$t/℃$	p/kPa	$t/℃$	p/kPa
0	0.612 5	34	5.320	68	28.56
1	0.656 8	35	5.623	69	29.83
2	0.705 8	36	5.942	70	31.16
3	0.758 0	37	6.275	71	32.52
4	0.813 4	38	6.625	72	33.95
5	0.872 4	39	6.992	73	35.43
6	0.935 0	40	7.376	74	35.96
7	1.002	41	7.778	75	38.55
8	1.073	42	8.200	76	40.19
9	1.148	43	8.640	77	41.88
10	1.228	44	9.101	78	43.64
11	1.312	45	9.584	79	45.47
12	1.402	46	10.09	80	47.35
13	1.497	47	10.61	81	49.29
14	1.598	48	11.16	82	51.32
15	1.705	49	11.74	83	53.41
16	1.818	50	12.33	84	55.57
17	1.937	51	12.96	85	57.81

$t/℃$	p/kPa	$t/℃$	p/kPa	$t/℃$	p/kPa
18	2.064	52	13.61	86	60.12
19	2.197	53	14.29	87	62.49
20	2.338	54	15.00	88	64.94
21	1.484	55	15.74	89	67.48
22	2.644	56	16.51	90	70.10
23	2.809	57	17.31	91	72.80
24	2.985	58	18.14	92	75.60
25	3.167	59	19.01	93	78.48
26	3.361	60	19.92	94	81.45
27	3.565	61	20.86	95	84.52
28	3.780	62	21.84	96	87.67
29	4.006	63	22.85	97	90.94
30	4.248	64	23.91	98	94.30
31	4.493	65	25.00	99	97.76
32	4.755	66	26.14	100	101.30
33	5.030	67	27.33		

附表 10　25℃时常见离子在无限稀释水溶液中的摩尔电导率 λ_m^∞（$\times 10^4$ S·m^2·mol^{-1}）

离子	λ_m^∞	离子	λ_m^∞	离子	λ_m^∞
Ag^+	61.9	F^-	54.4	IO_3^-	40.5
Ba^{2+}	127.8	ClO_3^-	64.4	IO_4^-	54.5
Ca^{2+}	118.4	ClO_4^-	67.9	NO_2^-	71.8
Cu^{2+}	110	CN^-	78	OH^-	71.4
Fe^{2+}	108	CO_3^{2-}	144	PO_4^{3-}	198.6
Fe^{3+}	204	CrO_4^{2-}	170	SCN^-	207
H^+	349.8	$Fe(CN)_6^{4-}$	444	SO_3^{2-}	66
Hg^{2+}	106.1	$Fe(CN)_6^{3-}$	303	SO_4^{2-}	159.8
K^+	73.5	HCO_3^-	44.5	Ac^-	160
Mg^{2+}	106.1	HS^-	65	$C_2O_4^{2-}$	40.9
NH_4^+	73.5	HSO_3^-	50	Ag^{2-}	148.4
Na^+	50.11	HSO_4^-	50	Br^-	73.1
Zn^{2+}	105.6	I^-	76.8	Cl^-	76.35

附表 11　不同温度下 KCl 的摩尔溶解热 $\Delta_{isol}H_m$（kJ/mol）

$t/℃$	$\Delta_{isol}H_m$	$t/℃$	$\Delta_{isol}H_m$
5	20.941	20	18.297
6	20.740	22	17.995
8	20.338	25	17.702
10	19.979	24	17.556
12	19.623	26	17.414
14	19.276	28	17.138
15	19.100	30	16.874
16	18.933	32	16.615
18	19.602	34	16.372

附表 12　4 种浓度 KCl 溶液在不同温度下的电导率 κ（S/cm）

$t/℃$	$c/(mol \cdot L^{-1})$			
	1.000*	0.1000	0.0200	0.0100
0	0.06541	0.00715	0.001521	0.000776
5	0.07414	0.00822	0.001752	0.000896
10	0.08319	0.00933	0.001994	0.001020
15	0.09252	0.01048	0.002243	0.001147
16	0.09441	0.01072	0.002294	0.001173
17	0.09631	0.01095	0.002345	0.001199
18	0.09822	0.01119	0.002397	0.001225
19	0.10014	0.01143	0.002449	0.001251
20	0.10207	0.01167	0.002501	0.001278
21	0.10400	0.01191	0.002553	0.001305
22	0.10594	0.01215	0.002606	0.001332
23	0.10789	0.01239	0.002659	0.001359
24	0.10984	0.01264	0.002712	0.001386
25	0.11180	0.01288	0.002765	0.001413
26	0.11377	0.01313	0.002819	0.001441
27	0.11574	0.01337	0.002873	0.001468
28	/	0.01362	0.002927	0.001496
29	/	0.01387	0.002981	0.001524
30	/	0.01412	0.003036	0.001552
35	/	0.01539	0.003312	/
36	/	0.01564	0.003368	/

* 在空气中称取 74.56 g KCl 粉末，溶于 18℃ 的水中，稀释到 1 L，其浓度为 1.000 mol · L^{-1}（密度为 1.0449 g · cm^{-3}），再稀释得其他浓度的 KCl 溶液。

附表 13　常见表面活性剂的临界胶束浓度(CMC)

表面活性剂	测定温度/℃	CMC/(mol · L⁻¹)
氯化十六烷基三甲基铵	25	1.6×10^{-2}
溴化十六烷基三甲基铵	25	9.12×10^{-5}
溴化十二烷基三甲基铵	25	1.6×10^{-2}
溴化十二烷基吡啶	25	1.23×10^{-2}
辛烷基磺酸钠	25	1.5×10^{-2}
辛烷基硫酸钠	40	1.36×10^{-1}
十二烷基硫酸钠	40	8.6×10^{-3}
十四烷基硫酸钠	40	2.4×10^{-3}
十六烷基硫酸钠	40	5.8×10^{-4}
十八烷基硫酸钠	40	1.7×10^{-4}
硬脂酸钾	50	4.5×10^{-4}
油酸钾	50	1.2×10^{-3}
松香酸钾	25	1.2×10^{-2}
月桂酸钾	25	1.25×10^{-2}
月桂醇聚氧乙烯(6)醚	25	8.7×10^{-5}
月桂醇聚氧乙烯(9)醚	25	1.0×10^{-4}
月桂醇聚氧乙烯(12)醚	25	1.4×10^{-4}
十四醇聚氧乙烯(6)醚	25	1.0×10^{-5}
丁二酸二辛基磺酸钠	25	1.24×10^{-4}
氯化十二烷基铵	25	1.6×10^{-2}
对十二烷基苯磺酸钠	25	1.4×10^{-4}
蔗糖单月桂酸酯	25	2.38×10^{-6}
蔗糖单棕榈酸酯	25	9.5×10^{-6}
蔗糖单硬脂酸酯	25	6.6×10^{-6}
吐温 20	25	6.0×10^{-2}(以下数据单位是 g/L)
吐温 40	25	3.1×10^{-2}
吐温 50	25	2.8×10^{-2}
吐温 65	25	5.0×10^{-2}
吐温 80	25	1.4×10^{-2}
吐温 85	25	2.3×10^{-2}
辛基-β-D-葡萄糖苷	25	2.5×10^{-2}

附表 14　液体的折射率（25℃）

液体	n_D^{25}	液体	n_D^{25}
甲醇	1.326	氯仿	1.444
水	1.332	四氯化碳	1.459
乙醚	1.352	乙苯	1.493
丙酮	1.357	甲苯	1.494
乙醇	1.359	苯	1.498
乙酸	1.370	苯乙烯	1.545
乙酸乙酯	1.370	溴苯	1.557
正己烷	1.372	苯胺	1.583
正丁醇	1.397	溴仿	1.587

附表 15　彼此饱和的两种液体的界面张力

液体	$t/℃$	$\sigma \times 10^3 (N \cdot m^{-1})$	液体	$t/℃$	$\sigma \times 10^3 (N \cdot m^{-1})$
水-正己烷	20	51.1	水-甲苯	25	36.1
水-正辛烷	20	50.8	水-乙苯	17.5	31.35
水-四氯化碳	20	45	水-苯甲醇	22.5	4.75
水-乙醚	18	10.7	水-苯胺	20	5.77
水-异丁醇	20	2.1	汞-正辛醇	20	374.7
水-异戊醇	20	5.0	汞-异丁醇	20	342.7
水-二丙胺	20	1.66	汞-苯	20	357.7
水-庚酸	20	7.0	汞-甲苯	20	359
水-苯	20	35.0	苯-乙醚	20	379

附表 16　常见蛋白质相对分子质量参考值

蛋白质	相对分子质量
巨豆尿素酶	480 000
铁蛋白	440 000
麻仁球蛋白	310 000
过氧化氢酶	232 000
黄嘌呤氧化酶	181 000
牛 γ-球蛋白	165 000
酵母醇脱氢酶	140 000

蛋白质	相对分子质量
兔肌乳酸脱氢酶	135 000
β-半乳糖苷酶	130 000
血清白蛋白	68 000
延胡索酶(反式丁烯二酸酶)	49 000
脂肪酶	48 000
卵清蛋白	43 000
胃蛋白酶	35 000
木瓜蛋白酶	23 000
大豆胰蛋白抑制剂	21 500
溶菌酶	14 300
核糖核苷酶	13 700
细胞色素 c	12 200

R参考文献
eferences

［ 1 ］ 北京大学.物理化学实验［M］.4 版.北京：北京大学出版社，2002.

［ 2 ］ 毕玉水.物理化学实验［M］.北京：化学工业出版社，2015.

［ 3 ］ 陈刚,胡统理,陆嘉星,等.聚苯胺掺杂土霉素修饰铂电极的电位响应［J］.华东师范大学学报(自然科学版),1999,(01)：73 - 78.

［ 4 ］ 崔黎丽.物理化学实验指导（双语）［M］.3 版.北京：人民卫生出版社，2016.

［ 5 ］ 复旦大学.物理化学实验［M］.北京：高等教育出版社，2004.

［ 6 ］ 贺德华.基础物理化学实验［M］.北京：高等教育出版社，2008.

［ 7 ］ 李三鸣.物理化学［M］.8 版.北京：人民卫生出版社，2016.

［ 8 ］ 李三鸣.物理化学实验［M］.北京：中国医药科技出版社，2007.

［ 9 ］ 李文坡.物理化学实验［M］.北京：化学工业出版社，2021.

［10］ 彭俊军，靳艾平，陈富偈.物理化学实验［M］.武汉：华中科技大学出版社，2021.

［11］ 孙文东，陆嘉星.物理化学实验［M］.3 版.北京：高等教育出版社，2014.

［12］ 王金，刘桂艳.物理化学实验［M］.北京：化学工业出版社，2015.

［13］ 吴慧敏.物理化学实验［M］.北京：化学工业出版社，2021.

［14］ 吴性良，朱万森.仪器分析实验［M］.2 版.上海：复旦大学出版社，2008.

［15］ 夏海涛.物理化学实验［M］.2 版.南京：南京大学出版社，2014.

［16］ 谢辉.物理化学实验［M］.北京：北京师范大学出版社，2012.

［17］ 徐开俊.物理化学实验与指导［M］.北京：中国医药科技出版社，2009.

［18］ 徐平如，郭兵.物理化学实验指导［M］.北京：化学工业出版社，2015.

［19］ 尹业平，王辉宪.物理化学实验［M］.北京：科学出版社，2006.

［20］ 张春晔，赵谦.物理化学实验［M］.南京：南京大学出版社，2003.

［21］ 张春晔，赵谦.物理化学实验［M］.2 版.南京：南京大学出版社，2006.

［22］ 张师宇，杨惠淼.物理化学实验［M］.北京：科学出版社，2003.

［23］ 张师宇，陈振江.物理化学实验［M］.2 版.北京：中国医药科技出版社，2014.

［24］ CHEN G, WANG Y T, YANG P Y. Amperometric biosensor coupled to capillary electrophoresis for glucose determination ［J］. Microchimica Acta, 2005，150(3 - 4)：239 - 245.

［25］ CHEN G, YE J N, BAO H M, et al. Determination of the rate constants and activation energy of acetam inophen hydrolysis by capillary electrophoresis [J]. J Pharm Biomed Anal, 2002, 29(5): 843 – 850.

[26] WANG S, BAO H M, ZHANG L Y, et al. Infrared-assisted on-plate proteolysis for MALDI-TOF-MS peptide mapping [J]. Anal Chem, 2008, 80(14): 5640 – 5647.

[27] ZHANG Y, ZHANG L Y, CHEN G. Far infrared-assisted sample extraction and solvent removal for capillary electrophoretic determination of the bioactive constituents in Citri Reticulatae Pericarpium [J]. Current Pharmaceutical Analysis, 2021, 17(1): 57 – 66.

图书在版编目(CIP)数据

物理化学实验指导/陈刚主编. —上海:复旦大学出版社,2024.1
药学精品实验教材系列 / 戚建平,张雪梅总主编
ISBN 978-7-309-16249-3

Ⅰ.①物… Ⅱ.①陈… Ⅲ.①物理化学-化学实验-医学院校-教材 Ⅳ.①O64-33

中国版本图书馆 CIP 数据核字(2022)第 104931 号

物理化学实验指导

陈　刚　主编
责任编辑/王　瀛

复旦大学出版社有限公司出版发行
上海市国权路 579 号　邮编:200433
网址:fupnet@ fudanpress. com　http://www. fudanpress. com
门市零售:86-21-65102580　　团体订购:86-21-65104505
出版部电话:86-21-65642845
上海新艺印刷有限公司

开本 787 毫米×960 毫米　1/16　印张 12.25　字数 188 千字
2024 年 1 月第 1 版第 1 次印刷

ISBN 978-7-309-16249-3/O · 714
定价:68.00 元